AI零基础实战手册
人工智能内容创作全攻略

罗　凌　江育麟　著

中国纺织出版社有限公司

内 容 提 要

随着AI技术的不断成熟，AIGC已经在内容创作、媒体、广告、教育等多个领域展现出巨大的潜力。本书从AI的发展历程出发，系统介绍AI技术在文字、图像、视频等不同类型内容生成中的应用方法与技巧。

本书提供了丰富的实战案例，通过详细的步骤解析，读者不仅能够全面了解AIGC的理论基础，还能掌握具体的操作技能。无论是初次接触AIGC的新手，还是希望深入了解这一领域的从业者，本书都将成为您的得力助手，同时为您的创作之路增添新的动力和灵感。

图书在版编目（CIP）数据

AI 零基础实战手册 ：人工智能内容创作全攻略 / 罗凌，江育麟著 . -- 北京：中国纺织出版社有限公司，2024. 10（2025.1 重印）. -- ISBN 978-7-5229-2186-0

Ⅰ. TP18

中国国家版本馆 CIP 数据核字第 2024EP5047 号

责任编辑：李立静　　责任校对：高　涵　　责任印制：储志伟

中国纺织出版社有限公司出版发行

地址：北京市朝阳区百子湾东里A407号楼　邮政编码：100124

销售电话：010—67004422　传真：010—87155801

http:// www.c-textilep.com

中国纺织出版社天猫旗舰店

官方微博 http:// weibo.com/2119887771

北京通天印刷有限责任公司印刷　各地新华书店经销

2024 年 10 月第 1 版　2025 年 1 月第 2 次印刷

开本：787×1092　1 / 16　印张：12.25

字数：200千字　定价：88.00元

序言一

在科技飞速发展的今天，人工智能已经成为推动社会进步的重要力量。人工智能生成内容（AI-Generated Content，AIGC）作为人工智能领域的一个重要分支，正以惊人的速度改变着我们的生活和工作方式。如同人类历史上发生过的任何一次技术革命，其会回馈那些率先拥抱它的人。我们相信翻开本书的您，也是其中之一。

风变科技（深圳）有限公司成立于 2016 年。作为一家用户规模超千万、专注于为成年人提供前沿技术培训的教育科技公司，我们先后孵化了熊猫书院、熊猫小课、风变编程、MTP 管理课、量化交易、RPA 智能办公等爆款课程。从 2022 年开始，我们就投入研发 AIGC 相关课程，并于 2023 和 2024 年先后上线了“风变 AI 成长计划”和“AI 综合应用人才培养计划”，致力于帮助更多人掌握 AI 技术，成为 AI 技术的受益者。

本书的编写正是基于 AIGC 技术的快速发展和广泛应用。随着人工智能技术的不断成熟，AIGC 已经在媒体、广告、教育等多个领域展现出巨大的潜力。然而，对大多数人来说，AIGC 仍然是一个相对陌生的领域，缺乏系统的学习和实践指导。因此，我们编写了这本书，旨在为读者提供全面、深入的 AIGC 知识和实战经验，帮助读者快速掌握 AIGC 技术、提升自己的竞争力。

本书从人工智能的发展历程出发，系统地介绍了 AI 技术在文字、图像、视频等不同类型内容生成中的应用方法与技巧。学习本书，读者可以了解 AIGC 的基本概念、原理和应用场景，掌握 AIGC 技术的核心技能。

同时，本书还提供了丰富的实战案例和项目实践，通过学习详细的步骤解析，读者不仅能够全面了解人工智能生成内容的理论基础，还能掌握具体的操作技能。无论是初次接触 AIGC 的新手，还是希望深入了解这一领域的从业者，相信本书都将成为您的得力助手，也为您的创作之路增添新的动力和灵感。

我们相信《AI 零基础实战手册：人工智能内容创作全攻略》不仅是一本技术指南，更是一座连接未来内容创作世界的桥梁。我们期望通过学习本书，读者们不仅能够掌握 AIGC 的技术要点，更能激发创造力，开拓思维，运用人工智能技术创造出更加丰富多彩的内容。我们相信，这不仅是个人能力的提升，更是为整个社会的进步贡献力量。

最后，我们要感谢所有参与本书编写和审校的人员，是你们的辛勤付出和智慧使本书得以顺利出版。同时，我们也要感谢广大读者对风变科技（深圳）有限公司的信任和支持，我们将继续不负“风变出品，必属精品”的口碑，为更多人提供优质的教育科技产品和服务。也让我们携手共进，迎接 AI 时代的挑战与机遇，共同遇见更好、更强大的自己。

祝各位读者学有所成，创作愉快！

风变科技（深圳）有限公司

2024 年 7 月

序言二

欢迎来到人工智能（Artificial Intelligence，AI）的世界！AI 已经不再是科幻小说里的概念，它就像一个隐形的巨人，默默地改变着我们的生活和工作方式，并以前所未有的速度改变着我们的世界。本书将带领你走进 AI 的世界，全面、系统地讲解 AI 在实战应用中的角色和价值，让我们一起揭开 AI 这个隐形巨人的神秘面纱！

自 2000 年起，计算机辅助办公和设计技术的兴起，使手工书写和绘图渐渐被取代。在大学中，我是第一批掌握 Office、Photoshop、3D 建模、CAD 等软件工具的，利用这些工具修改文档和设计绘图大大提升了工作效率。我并非天资出众，亦非最勤奋努力，然而，对新事物和新工具的好奇，加上不断在实际项目中的学习与实践，最终让我在全国设计大赛中斩获冠军奖项。昨天的高点，只是今天的起点。自从创业以来，我一直在思考如何利用我个人的能力赋能团队，让团队走出中国，在全球的舞台上展现国人的设计能力和水平。

随着 AI 技术不断发展，我终于等到这个契机。自 ChatGPT、Stable Diffusion 等 AI 应用工具面世以来，我便开始带领团队全员拥抱 AI，再次改变传统的工作方式，全面尝试新的工具、新的协作方式，极大提高了工作效率和创意方案的产出率。终于，我们又迎来团队的收获季，获得了艾鼎奖、美国缪斯设计奖等国际大奖，并且拓宽了在文化创意、自媒体运营等方面的业务渠道。全员都深刻地感受到了 AI 的强大。

除了创业者这个身份，我还以大学教师的身份投身于一线教育工作，至今已有十年之久。我希望将自身的实战经验，以及掌握的新兴工具和方法，分享给更多的年轻人。在教学过程中，我积极推动学校与企业的合作，让教育与实际工作紧密相连。我与风变科技（深圳）有限公司的相识便源于一次校企合作活动。当时，我被其在教育科技和 AI 领域的创新力深深吸引，其理念——“利用教育科技的力量，使新技术和科学成果惠及更广大的普通人群”给我留下了深刻印象。我深知科技对教育的重要性。我期望将我所掌握的前沿 AI 实战经验分享给更多的普通人，帮助他们挖掘自身的潜能，开拓更多的可能性。同时，我也希望提高公众的科学素养，增强大家对 AI 的理解和认知。

我们已经生活在了一个 AI 无处不在的时代，AI 已经不只是科技爱好者关注的热门话题，它已经成为我们生活的一部分。因此，这本书也特别欢迎读者与家人一起探索，父母和孩子们一起学习 AI，让全家人一同理解 AI 的工作原理，一起探索这个正在改变世界的神奇力量，感受 AI 在我们生活中的实用性，并迎接新时代的挑战。

AI 到底是什么？我们常用的 AI 有哪些？我们怎么学习 AI？ AI 到底能够帮我们做什么？我们希望读者通过学习本书开启属于自己的“AI 之旅”，开启属于自己的“第二大脑”，并充分利用 AI 在工作、学习、生活和商业、创业中的应用潜力，为自己的未来添加无限可能。

全书贯穿的实战案例和项目实践，旨在使读者在理解 AI 生成内容的理论基础的同时，获得具体的操作技能和实战经验。我们从文字、图形、设计、音乐、视频到商业实战、AI 创业等多个维度进行全面讲解，更好地满足读者的需求。注意：本书使用的 Photoshop 版本是 CS6，Stable Diffusion 版本是 2.8.10。

最后对所有参与并支持本书出版工作的老师们表示由衷的感谢，感谢湖北美术学院 IFA 时尚艺术研究中心、武汉工程科技学院环境设计系及主任范晶晶教授、武汉萌语绘新科技有限公司、尚美空间美学研究中心以及夏曦、兰婷婷、向玉婷、王芸、周业森、熊珊、刘阳、罗宇凡、范宇琳等参与编辑的老师。你们的支持和专业知识让本书得以完美呈现。谢谢你们的陪伴和努力，让我们一道探索 AI 的无限可能。

“行到水穷处，坐看云起时。”这里描述的不仅是一种超然的境界，更是对知识探索的无尽渴望，就像我们对 AI 的探索一样。让我们一起跃进这个知识的海洋，坐看 AI 的云起，期待它为我们的未来带来更多可能，我们顶峰相见。

风变 AI 研究院教研院长　罗凌

2024 年 6 月

目录

第 1 章 AIGC 技术概览

1.1 什么是AIGC …… / 002

1.1.1 人类最早对AI的幻想 …… / 002

1.1.2 假AI：专家系统 …… / 002

1.1.3 AI雏形：机器学习的诞生 …… / 003

1.1.4 AI第一次超越人类 …… / 004

1.1.5 生成式AI的诞生 …… / 004

1.2 AI是如何改变内容创作生态的 …… / 006

1.2.1 AI绘画定义了AIGC …… / 006

1.2.2 ChatGPT发布后，全世界都疯狂了 …… / 007

1.2.3 Runway&Pika：AI生成视频的大门被一脚踢开 …… / 008

1.2.4 Suno：音乐界的ChatGPT …… / 009

1.2.5 百花齐放：AI行业一天一个大新闻，一周一次大革命 …… / 009

第 2 章 AI 对话指南

2.1 技术与应用：对话类AI工具介绍 …… / 012

2.1.1 国外产品 …… / 012

2.1.2 国内产品 …… / 013

2.2 驾驭AI对话魔咒：提示词工程 …… / 014

2.2.1 基础提示词 …… / 014

2.2.2 提示词的优化 …… / 016

2.2.3 提示词的进阶结构 …… / 026

2.3 AI自媒体：撰写小红书文案 / 031
2.3.1 明确账号创作定位 / 031
2.3.2 规划内容选题 / 034
2.3.3 AI高效生成小红书文案 / 036
2.4 AI自媒体：撰写爆款短视频文案 / 041
2.4.1 AI撰写爆款短视频文案的步骤 / 042
2.4.2 案例演示：AI撰写爆款短视频文案 / 043
2.5 职场提效：用AI写出专业周报 / 049
2.5.1 步骤一：输入指令 / 049
2.5.2 步骤二：添加要求 / 050
2.5.3 步骤三：提供岗位和工作简述 / 051
2.6 数据分析：AI做数据分析与生成可视化图表 / 053
2.6.1 AI革新数据分析 / 054
2.6.2 智谱清言的数据分析智能体 / 054

第3章 AI绘图设计实战：实现人工智能与设计的完美融合

3.1 Midjourney和Stable Diffusion有什么区别 / 068
3.1.1 创意大师：Midjourney / 068
3.1.2 精准实战：Stable Diffusion / 068
3.1.3 Midjourney和Stable Diffusion的区别 / 070
3.1.4 什么人适合学习Stable Diffusion / 073
3.2 进一步认识Stable Diffusion / 074
3.2.1 什么配置可以安装Stable Diffusion / 074
3.2.2 常见的Stable Diffusion的专业术语 / 075
3.2.3 常见的Stable Diffusion的参数 / 077
3.3 探索Stable Diffusion / 087
3.3.1 运用Stable Diffusion可以做哪些设计 / 088
3.3.2 Stable Diffusion基本原理和交互逻辑 / 090
3.3.3 Stable Diffusion的核心功能 / 093
3.4 打开设计的大门：Stable Diffusion设计应用 / 099
3.4.1 实现时间的逆转：利用Stable Diffusion修复老照片 / 099

3.4.2 视觉艺术的传递：从线稿到插画的技巧探析 …… / 104
3.4.3 海报设计的创新之路：人工智能艺术字的应用 …… / 108
3.5 设计新视界：Stable Diffusion在室内设计中的创新应用 …… / 112
3.5.1 线稿魔法：Stable Diffusion如何将素描转变为立体效果图 …… / 112
3.5.2 毛坯房的华丽变身：Stable Diffusion效果图的神奇之处 …… / 117
3.5.3 三维模型框架的秘密：感受Stable Diffusion的创新魅力 …… / 122
3.5.4 一键魔法：CAD图如何在Stable Diffusion的帮助下轻松转变为家具图 …… / 125
3.5.5 风格转换，轻松搞定：Stable Diffusion如何轻松改变软装风格 …… / 128
3.6 设计新视界：Stable Diffusion在建筑、景观设计中的魔法运用 …… / 132
3.6.1 从线稿到效果图：揭秘Stable Diffusion的创新之道 …… / 132
3.6.2 老房换新颜，Stable Diffusion塑造建筑效果图 …… / 137
3.6.3 景观设计新视角：发掘Stable Diffusion的另类魅力 …… / 141
3.7 时尚和实用兼得：Stable Diffusion在产品设计中的实战演练 …… / 144
3.7.1 服装设计灵感大集合：如何好好整理你的创意 …… / 144
3.7.2 汽车设计从这里开始：引领新潮流 …… / 148
3.7.3 工业产品设计不再难：一起探索新的可能 …… / 151
3.8 电商新动力：Stable Diffusion在电商领域的创新应用 …… / 154
3.8.1 虚拟模特，真实利润：Stable Diffusion引领电商新时代 …… / 154
3.8.2 换个风格，换个心情：Stable Diffusion的风格转换，设计的无限可能 …… / 158
3.8.3 随处可放：Stable Diffusion让你的产品适应任何场景 …… / 162

第 4 章 AI生成视频指南

4.1 AI生成视频概述 …… / 168
4.1.1 AI生成视频的原理 …… / 168
4.1.2 AI生成视频的应用场景 …… / 168
4.1.3 主流工具 …… / 169
4.1.4 AI视频生成工具存在的问题 …… / 170
4.2 可灵AI应用：文生视频、图生视频 …… / 171
4.2.1 可灵AI基础介绍 …… / 171

4.2.2 可灵AI生成视频 ··· / 176
4.3 AI复活老照片：让历史跃然纸上 ··· / 182
4.3.1 获取老照片素材 ··· / 182
4.3.2 画质修复 ··· / 183
4.3.3 利用可灵AI生成视频 ··· / 184

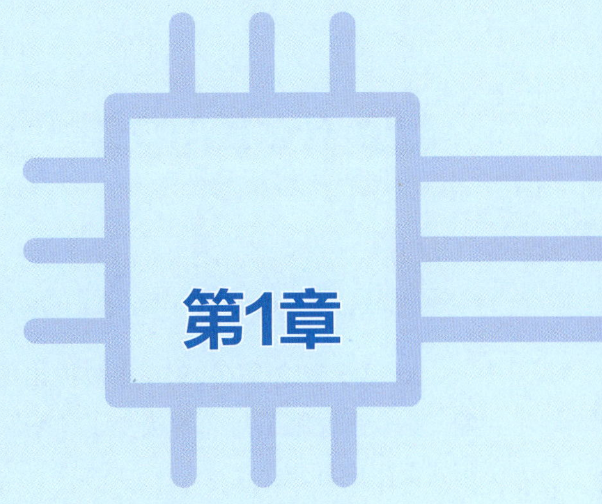

第1章

AIGC 技术概览

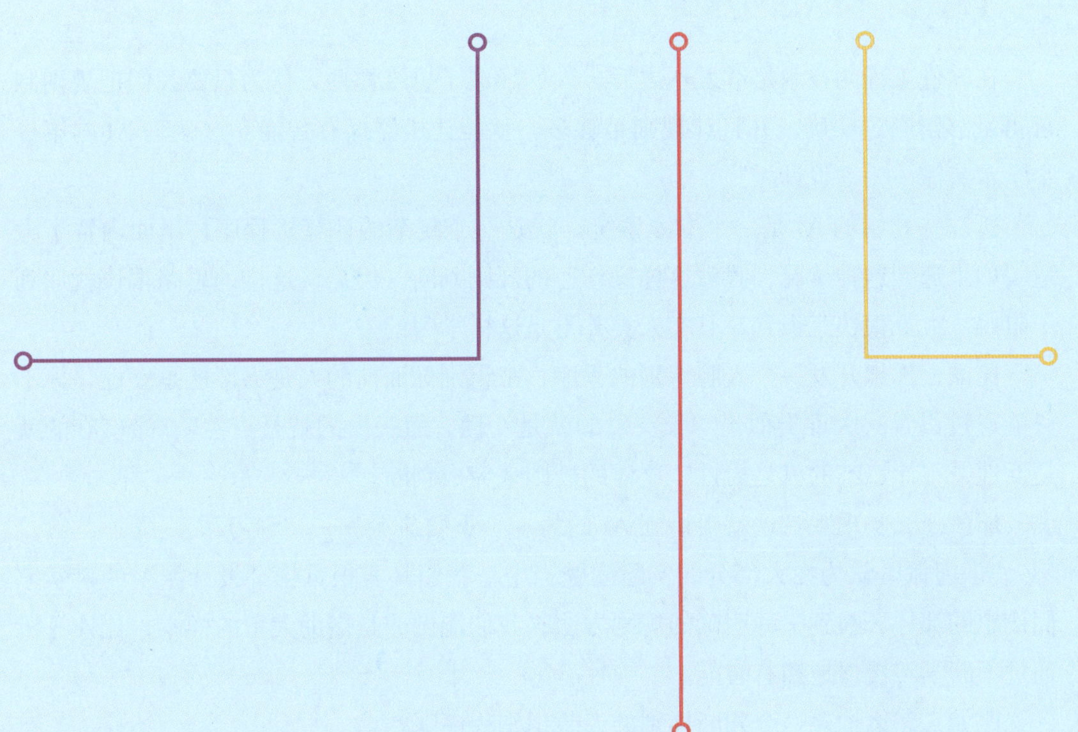

1.1 什么是AIGC

1.1.1 人类最早对 AI 的幻想

AI 这个概念是在 1956 年被提出的，当时在达特茅斯会议上，计算机科学家约翰·麦卡锡说服了与会者接受了“AI”作为该领域的名称，这次会议也被认为是 AI 正式诞生的标志。

1966 年问世的 Eliza 是由约瑟夫·维森鲍姆在麻省理工学院研发的聊天机器人。它是世界上第一个聊天机器人。

随着 AI 这个概念逐渐被大众了解之后，关于 AI 的电影层出不穷，著名的有《黑客帝国》《人工智能》《终结者》等。

这些科幻电影让一代又一代人对 AI 心驰神往，小时候看着电影长大的他们慢慢成为这个领域的科学家。

1.1.2 假 AI：专家系统

在软件工程的技术足够发达之后，人们形成了思维惯性，认为只要我们把规则制订得足够清晰、明确，并且让规则足够多，就能让机器拥有智能。这就是 AI 的第一个学术流派——“设计派”。

所以一开始的 AI 是一个专家系统，就是一个复杂的计算机程序，里面内置了大量“如果遇到这种情况，我就这样操作”的规则判断。但是，这样的思路很快就遇到了阻碍。大家很快意识到，其实人类并不是这样学习的。

比如，你想开发一个人脸识别的程序，来识别你面前的人是男性还是女性，你不可能通过设置一大堆类似于“长头发的就是女性，短头发的就是男性”“涂口红的就是女性，不涂口红的就是男性”这样的规则来完成判断。

那该怎么实现呢？这就要讲到 AI 的另一个重要流派——“学习派”了。

“学习派”认为在大部分的实际问题当中，我们其实很难像“设计派”的科学家们设想的那样，找到一种明确的规则方法，我们能做的是借助大量的样本，让计算机通过不断学习慢慢地拥有智能。

比如，怎么构建一个判断性别的人脸识别程序呢？

首先准备一万张男性的照片，将这一万张照片标注为“男性”，再找到一万张女性的照片，将其标注为“女性”，并把这两万张照片输入一个算法（神经网络），这个算法会自动学习和感知判断性别的规则。当模型训练好之后，输入新的照片，它就能根据照片来判断性别了。

这个和人类大脑的学习方式很像，我们在教小朋友认识这个世界的时候，用的就是这个方式。悟到这一点之后，AI 的发展就开始走上正轨了。

1.1.3 AI 雏形：机器学习的诞生

1950 年，艾伦·图灵提出了著名的“图灵测试”，这一事件不仅为 AI 领域奠定了哲学基础，还使 AI 成为科学领域的一个重要研究课题。

图灵测试的核心在于判断机器是否能够展现出与人类不可区分的智能行为，这一思想至今仍对 AI 的研究产生深远影响。

1957 年，康奈尔大学的教授弗兰克·罗森布拉特提出了感知器（Perceptron）的概念，这一概念为后来的神经网络研究奠定了基础。感知器模型的设计标志着我们第一次尝试模拟人脑的神经网络，虽然它相对简单，却是机器学习领域的重要里程碑。

1959 年，美国 IBM 公司的亚瑟·塞缪尔设计了一个具有学习能力的跳棋程序。这个程序能够通过不断对弈提高自己的棋力，甚至战胜了当时的人类冠军。塞缪尔的工作向世界展示了机器学习的巨大潜力，证明了计算机不仅能够执行命令，还能够通过经验学习改进自身。

当机器学习的研究逐渐成熟之后，各行各业开始慢慢用上了这门技术。

在医疗健康行业，利用机器学习可以实现个性化治疗。海外的一些医疗机构利用机器学习算法分析海量生物医学数据，识别患者的基因响应标记，从而开发出更精准的针对性治疗方案。

在金融行业，银行利用复杂的机器学习算法来识别和阻止欺诈交易，每年可避免数十亿美元的损失。

在零售行业，零售商通过分析用户偏好和销售数据，预测客户流失风险，从而优化客户保留策略。而机器学习算法可以帮助零售商洞察产品之间的关联性，预测客户的购买行为，比如购买牛奶的顾客可能也会购买糖、茶或咖啡。

这些丰富多样的案例充分展示了机器学习技术在各行各业中的广泛应用。它不仅帮助企业提高效率、降低成本，还极大地改善了客户体验。

但是，这时的 AI 虽然已经很有用了，可大部分人还认为 AI 虽然厉害，但是肯定无法超过人类。

直到那一场围棋赛的来临……

1.1.4 AI 第一次超越人类

2016 年 3 月，一场备受瞩目的围棋比赛在人类和 AI 之间展开，主角是韩国围棋九段李世石和谷歌 DeepMind 开发的 AI 程序 AlphaGo 。

这场比赛不仅是围棋界的大事，还是 AI 发展史上的重要里程碑。在五局比赛中，AlphaGo 以 4 ： 1 的比分战胜了李世石。

围棋是世界上历史最悠久的桌游，最简单，也最抽象。AI 长久以来面临的一项挑战就是击败专业围棋选手。我们在 AI 中尝试过的所有方法都无法解决这一问题。棋盘上可能的排列组合比宇宙中的原子数还多，但 AlphaGo 是一个深度学习过 16 万局人类顶尖棋手棋谱，并自我对弈 3000 万局的程序。

这场比赛的结局不仅震惊了围棋界，更震惊了全世界的千千万万人，人类第一次意识到，AI 是可以超越人类的。

AI 是否会取代人类，未来 AI 变得比人类强大的日子里，我们的生活会发生哪些变化，成为那段时间的热点议题。

通用人工智能的概念也是在那时候进入大众视野的。通用人工智能即 Artificial General Intelligence，AGI，指的是具有与人类相当甚至超越人类智能的人工智能系统。

AGI 不仅具备基础的感知、理解、学习和推理能力，还能在不同领域中进行灵活应用、快速学习和创造性思考。与当前的 AI 技术相比，AGI 具有更强的通用性和适应性，能够适应各种不同的环境和任务。

简单来说，AGI 就是什么都会，且什么都比人类做得更好的人工智能，是一种超越人类的存在。实现 AGI 成为很多 AI 公司的终极理想，可年复一年、日复一日，大家还没有找到实现 AGI 的路径。

直到 OpenAI 发现了生成式 AI 的秘密……

1.1.5 生成式 AI 的诞生

（1）什么是生成式 AI

如果将 AI 按照用途进行简单分类的话，AI 其实可以划分为两类：判别式 AI 和生成式 AI。

判别式 AI 专注于分析情况并作出决策。它通过评估多种选项和可能的结果，帮助用户或系统选择最佳的行动方案。例如，自动驾驶车辆就是通过判别式 AI 系统决定何时加速、减速或变换车道。

而生成式 AI 可以做到创造全新内容。它可以根据学习到的数据自动生成文本、图像、音乐等内容。简单来说，生成式 AI 就像一个创意机器，能够“想象”出新的东西。而这种“想象”能力就是实现 AGI 的关键。

（2）大语言模型技术

如何让 AI 拥有“想象”的能力呢？这就得先让 AI 了解这个世界。就和人类一样，只有先了解了这个世界的大致模样，才能基于对世界的了解展开想象。那么，如何让 AI 了解这个世界呢？这就需要利用一项名为“大语言模型”的技术。

大语言模型是生成式 AI 领域的一项关键技术，其核心功能之一是生成文本。它不仅能够生成连贯、相关且自然的文本，还能与其他类型的生成式 AI 模型结合，生成图像、音频等多种模态的内容。

许多科学家目前达成的共识是，语言是世界的精炼表达，AI 理解了语言，就相当于理解了世界。理论上，我们可以把所有的文本内容作为训练数据输入 AI，让它理解并感知其中的规律，从而学会语言，进而理解世界。火爆全世界的 ChatGPT 就是这么训练出来的。

OpenAI 公司运用了一种叫“无监督学习”的技术来训练 ChatGPT，他们将互联网上几乎所有的知识都喂给了 ChatGPT，让它自行学习、自行感知规律，即利用这些数据自行训练。

不同 AI 的智能水平大致取决于其模型的参数量，一般的 AI 模型的参数量级可以从几千到数百万不等，这取决于模型的复杂度和任务需求。例如，一些简单的 AI 模型可能只有几千个参数，而一些较大规模的模型可能会有数百万到数十亿个参数。而 GPT-4 是一个拥有 1.8 万亿个参数的超大号 AI 模型，所以其智能程度才能达到如此令人惊讶的地步。

到这里，生成式 AI 的技术逐渐成熟，但这场技术革命还局限于前沿科学家的小圈子里，而真正让大众感受到它的震撼，还得靠极具创新精神的企业家们做出的一个个惊人的产品。

1.2 AI是如何改变内容创作生态的

1.2.1 AI 绘画定义了 AIGC

这场 AI 的新革命是从 AI 绘画开始的。

《太空歌剧院》这幅画获得了美国科罗拉多州博览会数字艺术类别的第一名，可这幅画并不是人类所画，而是 AI 绘画工具 Midjourney 绘制的。

在多年来大家对 AI 的想象里，AI 最终的作用也不过是做好洗衣做饭这种不太涉及智力的事情，像创作音乐、作画、制作电影等艺术创造类的“高级活动”，肯定还是人类更胜一筹。

可 Midjourney 这款产品一推出，就颠覆了人们的这个固有认知。它输出的作品比大部分人类艺术家的作品都要惊艳。

而 Midjourney 的爆火也让全世界知道了一个新词——AIGC。

AIGC 是“AI-Generated Content”（人工智能生成内容）的缩写，指利用 AI 技术，特别是深度学习和生成式 AI 模型，来编辑、处理或生成各种形式的数字内容，包括但不限于文字、图像、音频、视频等。

AIGC 技术通常基于大参数的 AI 模型，通过对海量数据的学习理解和模仿人类创作模式，生成高质量、多样化的内容，这种技术正在革新传统内容创作和生产的方式，为创意产业带来新的可能性和挑战。

举例来说：想象一下，你有一个超级聪明的朋友，他可以看懂世界上所有的书、听过所有的音乐、看过所有的电影和图片。然后，你可以跟这个朋友说：“嘿，能不能给我写一篇关于猫咪的短文？”或者“画一幅春天的风景画怎么样？”这个朋友就能立刻为你创作出你想要的内容。

AIGC 就像是一个这样的“超级聪明的朋友”，只不过它是一个 AI 模型。

它学习了大量信息，可以根据人们的要求快速创作出各种内容，比如文章、图片、音乐或视频。拥有它就像是有了一个永不疲倦的创意助手，可以帮助人们更快、更容易地制作出各种有趣的东西。

但，AIGC 的主角并不是 Midjourney，而是另一个改变世界的产品——ChatGPT。

1.2.2 ChatGPT 发布后，全世界都疯狂了

故事还得从一个叫“GPT-3”的 AI 模型开始说起。

2022 年 7 月，OpenAI 公司推出了新一代语言模型——GPT-3。7 月，GPT-3 还只是一个存在于云端的、训练好的、可以随时使用的 AI 模型。

这时它的界面还特别简单，只有一个输入框，你用文字描述你的需求，比如帮你写代码、帮你写文章、回答你的问题等，这个 AI 就能像与人对话一样来执行你的任务、回答你的问题。

这时候，极少数有先见之明的人已经发现这件事情不简单，纷纷感慨可能下一个改变世界的技术创新就隐藏在这个模型背后。他们的判断是正确的。

后来，这家公司将自己的模型升级为 GPT-3.5，并发布了一个叫 ChatGPT 的网页应用。在 ChatGPT 上，用户可以像在微信里和朋友聊天一样，和 AI 进行对话，并且指挥 AI 帮你完成写文案、写代码、提供创意、行业研究等工作，如图 1-1 所示。

Q：你好呀，你能介绍一下你能帮我做什么吗？

A：你好！我可以帮你做很多事情，比如：

①信息查询：提供各种主题的信息，比如历史、科技、文化等。
②写作协助：帮助你写文章、故事、报告或邮件。
③创意建议：提供创意点子，比如为项目取名、制订计划等。
④学习辅导：帮助你理解和学习新知识或技能。
⑤日常对话：聊天、讨论或分享想法，帮助放松或获得灵感。
⑥技术支持：解答技术问题，提供使用指南。

如果你有任何特定需求或问题，随时告诉我！

图1-1 ChatGPT的回答

仅在发布后的 5 天内，ChatGPT 的注册用户数量就突破了 100 万大关，到 2023 年 1 月末，其月活跃用户数更是达到了 1 亿，成为历史上消费者增长最快的应用之一。这种惊人的增长速度引起了全球科技界和投资界的广泛关注。随着时间的推移，ChatGPT 的用户数量继续呈指数级增长。截至 2024 年 7 月，其活跃用户基数已飙升至惊人的 1.8 亿，展现出持续的增长势头和广泛的市场接受度。

后来，OpenAI 发布了 GPT-4，GPT-4 凭借其出色的推理等多方面能力，在很长一段时间里都是世界最强大模型。再后来，OpenAI 在 2024 年的发布会上发布了 GPT-4o 模型。GPT 4o 的“o”指的是“omni”，中文翻译是“全能”。这个模型几乎

拥有所有模态的智力，还能充分感知人类的情感。

在 OpenAI 的发布会现场演示中，一幕令人惊叹的场景展现在观众眼前：只需在多人对话现场放置一台启动了 ChatGPT 语音模式的智能手机，就能营造出有一位真人参与者在场的逼真效果。

这个 AI 助手不仅能通过手机摄像头“看到”你所看到的一切，还能实时对话互动，精准捕捉你的情绪和状态。更令人称奇的是，你可以像与真人交谈一样随时插话或打断它，体验自然流畅的对话过程。这种技术的展示生动诠释了 AI 与人类互动的未来可能性。

2024 年 7 月 18 日，OpenAI 发布了更快、更智能、更便宜的 GPT-4o mini，这预示着大模型的技术进一步提升，同时大模型的使用成本进一步下降。

如今，ChatGPT 的这一更智能的模型已向所有用户开放，不再局限于每月支付 20 美元高额费用的付费用户。这一重大变化标志着 AIGC 正式迈入了全民应用的新纪元。此举不仅大幅降低了先进 AI 技术的使用门槛，还为普通用户提供了探索和体验尖端 AI 能力的机会，有望加速 AI 技术在日常生活中的普及和应用。

ChatGPT 的成功不仅体现在用户数量上，更重要的是它彻底改变了人们对 AI 的认知和期待。它的出现激发了公众对 AI 技术的想象力，引发了关于 AI 在各行各业应用前景的热烈讨论。

从教育到医疗，从创意写作到编程，ChatGPT 展示了 AI 在各个领域的潜力。在教育领域，它被用作个性化学习助手，帮助学生更好地理解复杂概念；在医疗行业，它协助医生进行初步诊断和医学研究文献综述；在法律行业，它辅助律师进行案例分析和文件起草；在创意产业，它成为作家、艺术家的灵感来源和协作伙伴；在软件开发中，它成为程序员的得力助手，协助代码编写和调试。

这种跨领域的应用不仅提高了工作效率，还激发了创新。它促使人们重新思考 AI 在社会中的角色，并探索人机协作的新模式。

ChatGPT 展现的不仅是技术潜力，更是一种能够重塑行业格局、改变工作方式、推动社会进步的变革力量。

它的出现是 AI 技术从实验室走向实际应用的重要里程碑，开启了 AI 与人类智慧深度融合的新纪元。

1.2.3 Runway&Pika：AI 生成视频的大门被一脚踢开

除了 ChatGPT 这样的对话式机器人，无论在海内还是海外，无论对于商家还是个人创作者，短视频早已成为流量获取的王牌。与其他媒介相比，短视频往往能够获得更广泛的影响力和更高的营收转化，所以自从 AIGC 被大家熟知之后，无数创作者在关注 AI 生成视频这个领域，寻找能够提高效率、增强创意的视频制作工具。

在 AI 生成视频这个领域，最有名的两个产品是 Runway 和 Pika。

Runway 是一款 AI 视频生成工具，只需要输入文字，就能生成精美的视频。

Runway 擅长生成具有各种动作、手势及情绪，且富有表现力的人类形象，特别是包含大画幅人脸特写的视频。

而视频生成领域的另一个产品 Pika 的实力也不容小觑。

Pika 是一个视频生成工具，用户可以通过输入文本或上传图像快速生成 3D 动画、动漫、卡通和电影等各种风格的视频。

除了拥有比肩 Runway 的视频生成质量，Pika 还针对 AI 视频创作的工作流程设计了不少实用的小功能，主要有以下两个：

①用户可以在视频生成完毕后，对视频进行实时编辑和修改，例如画布延展、局部修改、视频时长拓展等。

②用户可以为视频添加语音对白并实现嘴唇同步说话的动画效果。

只需敲击几下键盘，输入你的台词，这些虚拟明星就能张口说话，他们的唇形与你的文字完美同步，仿佛有真人栖居其中。

你用 AI 生成的虚拟角色不再局限于无声的微笑或呆板的表情，他们可以滔滔不绝地诉说故事、传递情感，甚至抛出几句俏皮话。

Pika 不仅能生成视频，还能为视频生成音效，让视频的视听效果更上一层楼。不过 Pika 的音效生成效果虽然很惊艳，但音频生成领域还有另一位王者，那就是 Suno。

1.2.4 Suno：音乐界的 ChatGPT

Suno 被称为“音乐界的 ChatGPT”，是一个 AI 音乐生成平台，只要输入文字，描述你想要生成音乐的内容和类型，Suno 就能为你生成一首专业且动听的流行歌曲。你也可以自己用 ChatGPT 写出歌词，让 Suno 帮你唱出来。

Suno 帮助创作者们解决了很多问题，比如之前很多海外的短视频创作者经常为背景音乐的版权问题而烦恼，而现在能用 AI 生成音乐了，不用担心版权问题了。

随着技术的不断进步，我们可以期待 Suno 及类似的 AI 音乐创作工具在未来发挥更大的作用，可能彻底改变音乐产业的格局。

1.2.5 百花齐放：AI 行业一天一个大新闻，一周一次大革命

直到今天为止，AI 行业还在以惊人的速度发展着，底层模型的技术每隔一小段

时间就能迎来一次振奋人心的更新，能力更强的同时成本更低，各类真正创造价值的AI产品也随着技术的进步像雨后春笋般涌现出来。

这种前所未有的发展速度不仅带来了技术的飞跃，更为我们每一个个体开启了拥有无限可能的未来。AI正在改变着我们的世界，为各行各业注入新的活力和创新动力。

从提高医疗诊断的准确性到个性化教育的实现，从环保技术的突破到艺术创作的革新，AI正在帮助我们解决人类面临的诸多挑战，同时创造出我们曾经只能在科幻小说中看到的奇迹。

这场AI革命为每个人带来了前所未有的机遇。

无论是希望提升工作效率的职场人士，还是梦想创业的年轻人，AI都为他们提供了强大的工具和广阔的舞台。

我们正站在一个新时代的门槛，每个人都有机会成为这场变革的参与者和受益者。

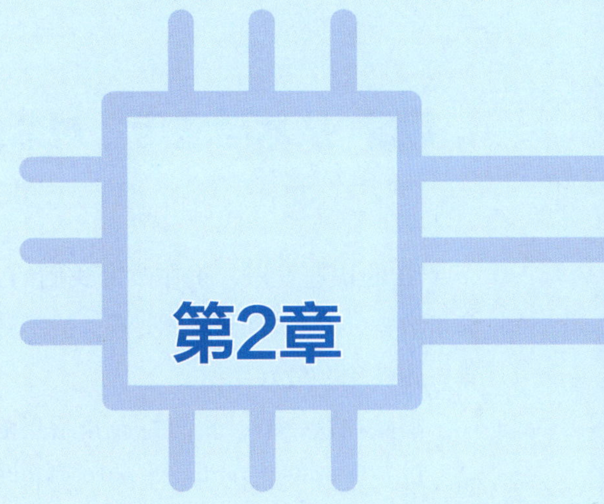

第2章

AI 对话指南

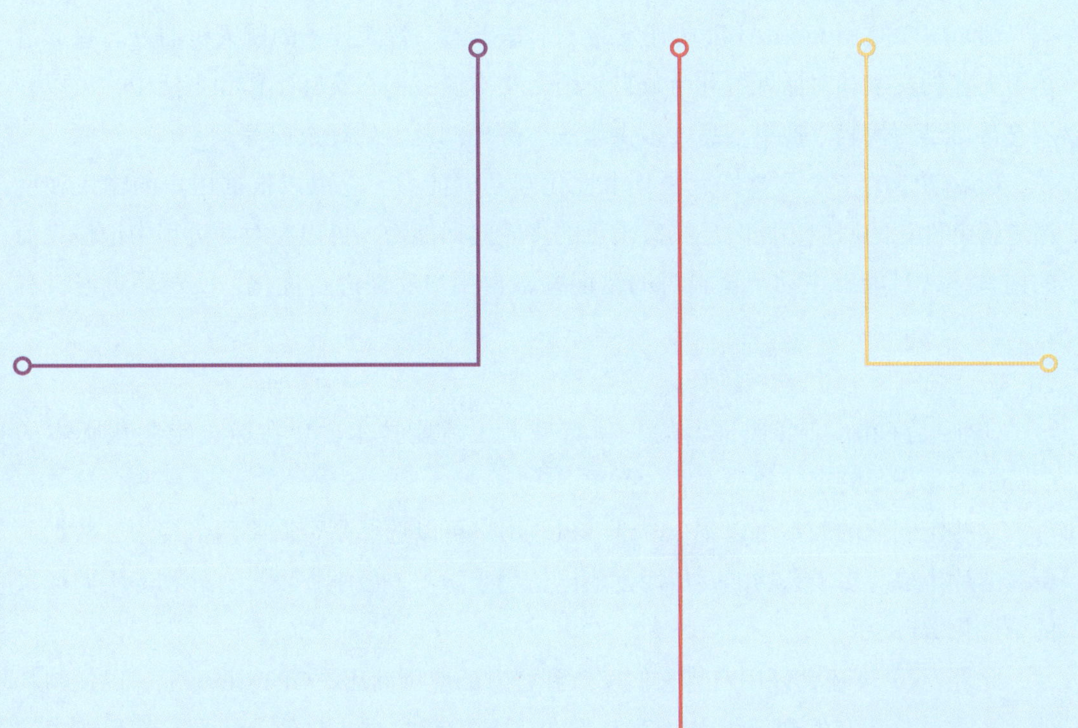

2.1 技术与应用：对话类AI工具介绍

AI 的快速发展，正在改变我们的工作和生活方式。你可能听说过 AI 能写文章、分析数据，甚至能帮你作决策，但不知道你有没有这样的疑问：市面上那么多 AI 工具，到底哪些最好用?

因此在这一节，我们将会介绍当前市面上一系列流行且公认好用的对话类 AI 产品，以及这些产品在功能上的区别和各自的优势，让你对对话类 AI 工具的能力有一个直观的认识。

这个类型下最具代表性的 AI 工具，国外的产品有 ChatGPT、GPTs 和 Claude，国内的主流产品有智谱清言、Kimi Chat、文心一言。接下来，我们将详细介绍每个工具的功能和主要特点。

2.1.1 国外产品

（1）ChatGPT

ChatGPT 是由 OpenAI 公司开发的一个基于人工智能技术的聊天机器人。它通过学习大量的文字和对话理解和生成自然语言文本。我们在实际工作和生活中，可以利用它帮自己写代码、搜集信息、提供想法、翻译润色、处理数据等。

ChatGPT 的一个重要特点是其个性化互动的能力。它可以根据用户的输入和反馈进行个性化的回应，同时还具有出色的多轮对话能力，可以在对话过程中记住先前的内容，并且能够主动承认自身的错误并根据用户反馈进行优化，使对话更连贯和自然。

（2）GPTs

GPTs 是 OpenAI 公司推出的一项新型人工智能技术，旨在通过定制化版本的 ChatGPT 来满足特定任务或主题的需求。

这些定制化的版本可以集成外部 API，用户可以选择是否需要网络搜索、数据分析和图片生成等多模态功能，从而创建出适用于学习、教学、设计、购物等不同场景的个性化 AI 助手。

此外，GPTs 还允许用户将它们发布到官方的应用商店—GPT Store 上，以便与其他社区成员分享和发现新版本。GPTs 降低了开发者的进入门槛，使没有编程能力的用户也能轻松创建和使用自定义 AI 助手。

(3) Claude

Claude 是由美国人工智能初创公司 Anthropic 开发的一款大型语言模型，具备高级推理、视觉分析、代码生成、多语言处理和多模态等能力，能够应对各种复杂的任务。

其训练方法采用了一种名为“宪法 AI（Constitutional AI）”的技术，即在没有人类干预的情况下，通过一系列原则来指导 AI 自我改进。这种训练方式使 Claude 在某些方面比 ChatGPT 表现得更稳定和可靠，适用于基本服务和支持任务，如信息检索、文档审查和分析等。

总体而言，Claude 在逻辑推理和稳定性方面表现更突出，而 ChatGPT 在创意写作和多样性上更具优势。

介绍完国外的产品，下面我们再来看一下国内的大模型。

2.1.2 国内产品

国产大模型在过去一年里取得了显著的进步，在国内的一众大模型产品中，我们着重给大家介绍三个产品—智谱清言、Kimi Chat 和文心一言。

(1) 智谱清言

智谱清言是北京智谱华章科技有限公司开发的一款基于 ChatGLM2 模型的生成式 AI 助手。它能够提供通用问答、多轮对话、创意写作、代码生成等智能化服务。

智谱清言的特点在于它的中文处理能力，即能够更好地理解和回应中文用户的各种请求和问题。除了处理文本，智谱清言还能理解和生成图片、解读长文档、分析数据等。

(2) Kimi Chat

Kimi Chat 是由月之暗面科技有限公司（Moonshot AI）开发的一款中文大模型，它具有扩展上下文窗口长度的特点，支持 20 万汉字的超长文本输入。

Kimi Chat 主要有 6 项功能：长文总结和生成、联网搜索、数据处理、编写代码、用户交互、翻译。主要应用场景：专业学术论文的翻译和理解、辅助分析法律问题、快速理解 API 开发文档。

Kimi Chat 最核心的能力是“大海捞针”，无论你给它的是一长串文字还是一个内容很多的文件，它都能迅速找到重点，帮你解决问题。

(3) 文心一言

文心一言是一款由百度公司开发的跨语言、跨领域的自然语言处理人工智能系统，其应用场景非常广泛，从办公写作到智能客服，再到金融投研和教育培训，几乎涵盖了所有需要自然语言处理和生成的领域。

文心一言不仅适用于对话互动、回答问题和协助创作，还可以用于文学创作、商业文案创作、数理逻辑推算等多个领域。

在这一节中，我们了解了目前国内外一些常见的对话类 AI 产品及其主要功能和特点，你可以根据自己的需求选择适合的 AI 产品。

2.2 驾驭AI对话魔咒：提示词工程

对普通用户而言，编写有效提示词是发挥 AI 潜力的关键，直接影响 AI 的回复质量和用户体验。本小节将为大家详细介绍如何编写提示词，使 AI 更理解我们的需求。

2.2.1 基础提示词

（1）基础提示词的结构

基础提示词通常包括三层结构，分别是明确目的、输入资料、设定输出。

第一，明确目的。指在提问时需要明确自己的目的和需求，即希望 AI 解决的问题或希望得到的具体帮助。

第二，输入资料。指在提问时向 AI 提供尽可能多的背景信息，以便 AI 能更快、更准确地理解问题或需求。

第三，设定输出。指在提问时需要明确 AI 的输出结果样式，即希望得到的答案或解决方案。

例如，如果我们需要 AI 帮助规划搬家的任务，可以按照上述结构编写提示词：

明确目的：帮我把下面这个模糊的搬家想法拆解成任务清单，并且帮我补上可能漏掉的任务。

输入资料：我最近需要搬新家，一些老旧和破损的家具需要丢掉和置换，一些家具需要打包好再搬到新家，另外还需要购买一些新家具回来，最好可以进行一些布置。家具搬进新家前，需要打扫一遍房子。我还需要请搬家公司来帮忙，我希望可以一次性把东西都搬完，但这可能需要一整天的时间。搬家之后，还得回去把旧房子的卫生搞好，才可以和房东办理退租，不然可能会被扣钱。

设定输出：提供一份具体的任务清单。

下面我们以国产大模型 Kimi 为例进行演示，其回答如图 2-1 所示。

基于您提供的搬家想法，以下是一份详细的任务清单，包括可能被漏掉的任务：

搬家前准备

①评估家具：
- 检查所有家具，决定哪些保留、哪些丢弃、哪些需要修补或置换。

②制订购买计划：
- 确定需要购买的新家具，并列出清单。
- 考虑新家具的尺寸和新家的空间布局。

③联系搬家公司：
- 收集搬家公司信息，比较价格和服务。
- 预约搬家服务，并告知具体需求和时间。

④打包家具和物品：
- 准备搬家用的箱子、胶带、标签等打包材料。
- 将家具和物品分类打包，并标记箱子内容和放置房间。

⑤打扫新家：
- 安排时间打扫新家，确保搬入时环境整洁。

搬家当天

①监督搬家公司：
- 确保搬家公司按照约定时间到达。
- 指导搬家公司正确搬运家具和物品。

②搬运家具：
- 确保所有家具和物品安全装载到搬家车辆。

③一次性搬运：
- 确保所有需要搬运的物品都在搬家当天被搬走。

搬家后整理

①家具布置：
- 根据新家的布局，安排家具的摆放。

②安装新家具：
- 如果新家具需要安装，进行安装工作。

③检查物品：
- 确认所有物品都已安全到达新家，无损坏或丢失。

图2-1　Kimi的回答

不难发现，通过这样编写的提示词，AI 不仅帮助我们厘清了模糊的想法，给出了详细的任务清单，还补充了可能遗漏的任务。掌握基础提示词的三层结构后，我们基本上能编写出一个有效的问题或任务。

（2）基础提示词的不足

在上面的案例中，AI 确实给出了详细的任务清单，但当我们仔细分析，会发现尽管任务被拆解成了许多细项，可实际执行起来仍然存在困难，因为这些任务并没有被充分拆解到足够具体的层面。

例如“搬家前准备”中的第一条“评估家具”，这本身就是我们搬家过程中必须要做的事情，但我们需要的是更清晰的指令。比如，在评估家具之前，是否需要对家具按种类或使用时长进行分类？此外，评估家具保留或丢弃的标准是什么？这些细节都没有具体呈现出来。

再如“搬家前准备”中的第二条“制订购买计划”，AI 的回复中只简单提及需要根据新家的尺寸和空间布局购买新家具，但要考虑哪些价位的家具，可以从哪些渠道购买新家具等细节同样未能详细说明。

当然，这并非 AI 不够智能，而是由于我们输入的基础提示词仍存在不足之处，还有优化空间。

也就是说，如果只是采用基础的三层结构，那么 AI 的输出结果可能存在以下问题：输出结果不符合需求、输出结果过于笼统、输出结果太长或太短、语言风格不是我们想要的等。

因此，在编写提示词的过程中，对基础提示词进行优化是非常有必要的。这样可以确保 AI 输出的结果更符合我们的要求，从而更有效率地完成各项任务。

2.2.2 提示词的优化

接下来，我们来了解一下提示词优化的原则与具体策略。

（1）原则一：编写清晰明确的提示词

该原则指的是我们需要提供清晰且具体的问题描述，以表达希望 AI 完成的任务。注意：不要将清晰与简短混为一谈，应确保提示词包含完整的背景信息，既明确又详细。

但在一开始，编写清晰明确的提示词可能较为困难。因此，接下来我们将探讨四种具体的优化策略，以辅助我们编写出更清晰明确的提示词。

策略一：灵活运用分隔符，界定输入信息范围。当我们输入的问题较为冗杂或带有歧义时，AI 很容易误解问题的意思，从而提供错误的答案。例如，我们尝试用 AI 概括以下文字内容，其结果如图 2-2 所示。

概括一下这段文字内容。

西红柿炒鸡蛋的做法：

第一步，准备西红柿一个，鸡蛋两个，小葱一把，番茄酱、盐等调味料。

第二步，将西红柿切块，将鸡蛋打散备用。

第三步，热锅冷油，先下鸡蛋，快速划动鸡蛋直至鸡蛋几乎成形，捞出鸡蛋。

第四步，下入西红柿，翻炒出汁水，加入少量饮用水、适量番茄酱和少许盐，翻炒均匀后焖煮一分钟。

第五步，将小葱切段，下入小葱和鸡蛋，翻炒十秒后，出锅装盘。

Kimi 你学会了吗？帮我总结和润色以上菜谱，写成标准的烹饪教学文章。

西红柿炒鸡蛋：家常美味，简单五步轻松学

引言：

西红柿炒鸡蛋，一道色香味俱全的家常菜肴，以其简单快捷的制作过程和丰富的营养价值深受大家喜爱。今天，就让我们一起学习如何在家轻松制作这道经典美味。

材料准备：

· 新鲜西红柿1个
· 鸡蛋2枚
· 翠绿小葱1把
· 番茄酱适量
· 盐少许
· 食用油适量

制作步骤：

第一步：食材准备

选取一颗熟透的西红柿，洗净后切块备用；鸡蛋打入碗中，轻轻打散，小葱洗净，切成小段，为菜肴增添一抹清香。

图2-2 Kimi的回答（部分）

在这段提示词中，我们的目的是让 AI 概括西红柿炒鸡蛋的做法。然而，由于内容中包含了对 AI 的要求，导致 AI 在理解任务时产生了混乱，从而输出的是内容中要求的菜谱，而非我们需要的概括内容。

因此，为了避免上述情况的出现，我们可以灵活使用分割符号来界定输入资料的范围。

概括一下三引号内的文字内容。

``` 西红柿炒鸡蛋的做法：

第一步，准备西红柿一个，鸡蛋两个，小葱一把，番茄酱、盐等调味料。

第二步，将西红柿切块，将鸡蛋打散备用。

第三步，热锅冷油，先下鸡蛋，快速划动鸡蛋直至鸡蛋几乎成形，捞出鸡蛋。

第四步，下入西红柿，翻炒出汁水，加入少量饮用水、适量番茄酱和少许盐，翻炒均匀后焖煮一分钟。

第五步，将小葱切段，下入小葱和鸡蛋，翻炒十秒后，出锅装盘。```

Kimi 你学会了吗？帮我总结和润色以上菜谱，写成标准的烹饪教学文章。

Kimi 的回答如图 2-3 所示。

三引号内的文字内容是一份西红柿炒鸡蛋的简易菜谱，概括了制作这道菜的五个基本步骤：
①准备食材：包括一个西红柿，两个鸡蛋，一把小葱，番茄酱、盐等调味料。
②食材预处理：西红柿切块，鸡蛋打散。
③炒鸡蛋：在热锅冷油中快速炒鸡蛋至几乎成形，然后取出备用。
④炒西红柿：将西红柿下锅翻炒至出汁，加入少量水、番茄酱和盐，均匀翻炒后焖煮一分钟。
⑤混合出锅：小葱切段，将其与炒好的鸡蛋一起下锅快速翻炒均匀，最后出锅装盘。

图2-3 Kimi的回答

可以看到，设置三引号作为分隔符能够明确界定输入资料的范围。AI 成功理解了我们的目的，并输出了正确的结果。

常见的分隔符号有 ```、"""、< >、<tag> </tag> 等，在编写提示词时可以灵活运用。

**策略二：要求输出结构化格式。**这意味着我们希望 AI 输出的内容具有特定的格式。

常见的格式有表格形式、Markdown 格式、CSV 格式、HTML 格式、JSON 格式、XML 格式等，可以根据实际情况要求 AI 的输出格式。

例如，在用 AI 制作思维导图时，我们可以要求 AI 输出 Markdown 格式。

帮我梳理一下搬家计划的思维导图，用 Markdown 格式输出。

Kimi 的回答如图 2-4 所示。
```

当然可以，以下是一份搬家计划的思维导图，使用Markdown格式进行展示：

markdown 复制

```
# 搬家计划思维导图

## 1.准备阶段
### 1.1 确定搬家日期
- 选择吉日
- 考虑天气情况

### 1.2 清理物品
- 丢弃不需要的物品
- 清洗家具和电器

### 1.3 打包准备
- 购买打包材料（纸箱、胶带、泡沫等）
- 准备标记笔和标签

## 2.打包阶段
### 2.1 按区域打包
- 卧室
- 客厅
- 厨房
- 卫生间

### 2.2 特殊物品打包
- 易碎品（玻璃、瓷器）
- 电子产品（电脑、电视）
- 贵重物品（珠宝、文件）

### 2.3 打包技巧
- 使用衣物填充空隙
- 标记易碎品和重物

## 3.搬运阶段
```

图2-4 Kimi的回答（部分）

可以看到，AI输出了Markdown格式的内容，我们便能将其导入思维导图软件，制作成条理清晰的思维导图。

再如，我们让AI梳理常见的AI行业岗位时，可以要求其以表格形式输出。

帮我梳理出常见的AI行业岗位，用表格形式输出。

Kimi 的回答如图 2-5 所示。

当然可以，以下是一些常见的AI行业岗位，以及它们的基本职责，以表格形式展示：

岗位名称	基本职责
AI研究员	进行人工智能领域的基础研究和应用研究
数据科学家	分析和解释数据，为决策提供数据支持
机器学习工程师	设计、开发和实施机器学习模型
深度学习工程师	专注于深度学习模型的开发和优化
计算机视觉工程师	开发图像和视频识别、处理系统
NLP工程师	研究和开发自然语言处理技术
知识图谱工程师	构建和管理知识图谱，支持智能问答和推荐系统
AI产品经理	定义产品需求，管理产品开发流程
AI解决方案架构师	设计和实施AI解决方案，确保技术与业务需求的一致性
AI伦理顾问	评估AI技术对社会的影响，提出伦理建议
AI教育与培训专家	负责与AI相关的教育和培训工作
AI项目管理	管理AI项目，确保按时按质完成
AI咨询顾问	提供与AI相关的咨询服务，帮助企业制定AI战略

这些岗位覆盖了AI行业的多个方面，从基础研究到产品开发，再到项目管理和咨询，适合具有不同背景和技能的人员。

图2-5　Kimi的回答

AI 根据我们的要求，以表格形式输出了常见的 AI 行业岗位。其中，左侧为岗位名称，右侧为基本职责。这样的呈现方式使信息对照起来非常清晰，便于我们了解未知的知识。

策略三：指定问题的验证条件。在使用 AI 的过程中，由于技术限制和数据不全面等因素，AI 输出的内容可能会缺乏逻辑和相关性，甚至是错误的。

例如，当我们让 AI 撰写一本虚构书籍的内容简介时，其结果如图 2-6 所示。

有一本书叫作《重生之我在三体当科学家》，我需要你帮我撰写他的内容简介，100 字左右。

> 《重生之我在三体当科学家》是一部融合科幻与重生元素的小说。主人公穿越到三体宇宙，凭借超前科学知识，改写人类命运、探索宇宙奥秘，成为引领科技进步的关键科学家。在三体世界的冒险中，他不断突破自我，揭开层层宇宙真相。

图2-6 Kimi的回答

我们知道这本书并不存在，但 AI 详细介绍了这本书的内容简介，仿佛现实里真的存在这本书一样。

设想一下，如果我们在重要的工作中使用 AI，它却给出了看似合理实则错误的答案。但我们往往没有多余的时间与精力去逐条检查这些结果，这样的错误可能会导致严重后果。

因此，为了解决此问题，我们可以为问题指定验证条件，让 AI 在输出结果前先检查验证条件是否成立，若不成立，则不要编造答案。

我们仍以这本虚构的书为例，但在结尾添加了验证条件：

> 有一本书叫作《重生之我在三体当科学家》，我需要你帮我撰写它的内容简介。
>
> 如果你能检索到这本书，就帮我输出 100 字左右的内容简介。
>
> 如果你检索不到这本书，就告诉我你没有见过这本书。

Kimi 的回答如图 2-7 所示。

> 我没有检索到名为《重生之我在三体当科学家》这本书的信息。

图2-7 Kimi的回答

可以发现，在这种情况下，AI 并没有强行编造答案，而是输出了“没有检索到”的结果。但需要注意的是，这条策略并非百分百有效，因为有时 AI 并不能理解验证条件的含义。因此，在使用该策略时，我们需要进行充分的测试与验证，以确保验证条件的有效性。

策略四：提供答案样本。即在输入提示词时提供参考示例，以便 AI 根据参考示例理解我们的需求，提供更符合预期的结果。

例如，当我们计划创作一本以宇宙旅行为主题的架空小说时，可以让 AI 设计一些角色名字：

> 我要创作一本主题是宇宙旅行的架空小说，需要设计一些角色名字，请你帮我输出 5 个角色名字。

Kimi 的回答如图 2-8 所示。

> 当然可以，以下是为您的宇宙旅行架空小说设计的5个角色名字，每个名字都带有一些宇宙或科幻的色彩：
>
> ①ZaraXel：这个名字结合了神秘感和未来感，适合一个拥有高深科技知识或强大力量的角色。
> ②Eldrin Ores：带有一点精灵气质的名字，适合一个探索宇宙奥秘的学者或导航者。
> ③Vespera Starweaver：一个充满诗意的名字，适合一个能够编织星际航线的女船长或天文学家。
> ④Caelum Orion： 名字中包含“Caelum”，意为天空，“Orion”则是著名的猎户座，适合一个勇敢的宇航员或星际战士。
> ⑤Lyra Andromeda：名字来源于天琴座（Lyra）和仙女座（Andromeda），适合一个拥有音乐或艺术天赋的角色，其可能与星际间的和平与交流有关。
>
> 希望这些建议能够激发您的创作灵感！

图2-8 Kimi的回答

在这段提示词的指令下，AI 确实为我们提供了 5 个角色名字作为参考。然而，由于这本小说讲述的是一群中国人进行宇宙旅行的故事，因此我们需要的是中国人的名字，并且希望这些名字能够与宇宙的主题相契合。例如，像林宇天、郑航嘉、徐天航这样的名字，能够更好地传达我们所希望的效果。这时我们就可以向 AI 提供答案样本，让它更好地理解我们的需求。

> 我要创作一本主题是中国人宇宙旅行的架空小说，需要设计一些角色名字，请你帮我创作 5 个中国小说角色名字。
>
> 以下是符合我要求的一些名字，请你参考这些名字进行输出：
> 1. 林宇天
> 2. 郑航嘉
> 3. 徐天航

Kimi 的回答如图 2-9 所示。

理解您的要求后，以下是为您的中国主题宇宙旅行架空小说设计的5个具有中国特色的角色名字：

①**楚星辰：**楚是一个古老的姓氏，带有中国传统文化的色彩，而“星辰”则直接与宇宙和星空相关联，适合一个对宇宙充满好奇和探索欲望的角色。
②**韩飞宇：**韩是一个常见的中文姓氏，结合“飞宇”二字，传达了一种自由飞翔于宇宙之间的意境，适合一个勇敢的宇航员或探险家。
③**夏云舟：**夏姓与“云舟”结合，寓意着在星云中航行的船只，适合一个在宇宙中寻找新家园或新世界的先驱者。
④**梁星际：**梁是一个中文姓氏，而“星际”直接指代了宇宙间的旅行和连接，适合一个在不同星系间建立联系的外交官或商人。
⑤**梅宇航：**梅作为姓氏，搭配“宇航”二字，表达了对宇宙航行的渴望，适合一个聪明、专业的航天工程师或科学家。

这些名字都试图融合中国元素与宇宙旅行的主题，希望能够满足您的创作需求。

图2-9 Kimi的回答

添加了答案样本后，AI 输出的答案就更符合我们的要求了。

通过这四条策略，我们便可以写出目标明确、输入材料清晰、输出结构固定且具体详细的一套提示词。

（2）原则二：给 AI 思考的时间

当我们交给 AI 一个过于复杂的任务时，仅凭一个简单的步骤，可能无法让 AI 顺利完成，其给出的结果也可能不尽人意。

然而，这并不意味着 AI 缺乏完成该任务的能力。

面对以上情况，我们可以逐步向 AI 提问，也可以在提示词中为 AI 提供清晰明确的步骤和框架，以引导 AI 逐步完成任务。

例如，当我们向 AI 提供了一段复杂的英文文章，并要求它完成一系列连续的任务时，Kimi 的回答如图 2-10 所示。

将 ``` 内的文本总结概括成一句话后翻译成中文，并提取出其中的人物名称，最后以表格的形式输出文本字体数量和人物名称数量。

```
Once upon a time, there were three friends named Jack, Sarah and Mike. They had been best friends since childhood and always did everything together.

One day, they decided to take a road trip across the country. They packed their bags and set off on their adventure. Along the way, they visited national parks, tried new foods, and met interesting people.

However, their journey was not without challenges. They had a flat tire in the middle of nowhere, got lost in a big city, and even had a disagreement about where to go next.

Despite these setbacks, Jack, Sarah and Mike remained united. They relied on each other for support and encouragement. When one of them fell down, the others were there to lift him up.

As their trip came to an end, they realized that their friendship had grown even stronger. They had shared so many unforgettable experiences and created memories that would last a lifetime.

From that day on, Jack, Sarah and Mike promised to always be there for each other, no matter what. And with that, they drove off into the sunset, ready for their next adventure together.
```

文本概括并翻译成中文：
这段文字讲述了杰克、莎拉和迈克三个从小一起长大的朋友，决定一起进行一次全国公路旅行。在旅途中，他们遇到了各种挑战，但友谊得到了加深。旅行结束后，他们承诺无论发生什么，都会一直支持彼此。

人物名称提取：
- Jack
- Sarah
- Mike

表格输出：

内容	字数	人物名称数量
英文文本	223	3

图2-10　Kimi的回答

在如此复杂的要求下，AI 无法顺利完成任务。它将概括和翻译混在一起了。

为了解决该问题，我们可以修改提示词，在提示词中拆分步骤，引导 AI 逐步完成任务，并让其按照一定格式输出结果。

请按照以下步骤完成对 ``` 内的文本的操作。

第一步，将文本内容总结概括成一句话。

第二步，将概括后的话翻译成中文。

第三步，提取出文本内容里的人物名称。

第四步，以表格的形式输出文本字体数量和人物名称的数量。

结果按以下格式输出：

概括：< 原始文本内容的一句话概括 >。

翻译：< 对一句话概括的中文翻译 >。

人物：< 原始文本内容中的人物名称，如 Mike、Lisa 等 >。

表格：< 以表格形式输出原始文本字体数量和人物名称的数量 >。

以下为原始文本内容：

```

Once upon a time, there were three friends named Jack, Sarah and Mike. They had been best friends since childhood and always did everything together.

One day, they decided to take a road trip across the country. They packed their bags and set off on their adventure. Along the way, they visited national parks, tried new foods, and met interesting people.

However, their journey was not without challenges. They had a flat tire in the middle of nowhere, got lost in a big city, and even had a disagreement about where to go next.

Despite these setbacks, Jack, Sarah and Mike remained united. They relied on each other for support and encouragement. When one of them fell down, the others were there to lift him up.

As their trip came to an end, they realized that their friendship had grown even stronger. They had shared so many unforgettable experiences and created memories that would last a lifetime.

From that day on, Jack, Sarah and Mike promised to always be there for each
```

other, no matter what. And with that, they drove off into the sunset, ready for their next adventure together.
```

Kimi 的回答如图 2-11 所示。

概括：Three childhood friends, Jack, Sarah and Mike, embarked on a road trip that strengthened their bond through shared experiences and overcoming challenges.
翻译：三个童年的朋友，杰克、莎拉和迈克，开始了一次公路旅行，通过共同的经历和克服挑战，加深了他们的友谊。
人物：Jack，Sarah，Mike
表格：

| 内容 | 字数 | 人物名称数量 |
| --- | --- | --- |
| 原始文本内容 | 223 | 3 |

图2-11　Kimi的回答

再看新的输出结果，在完全相同的任务要求下，AI 能够正确地完成任务。因此，在遇到冗长、复杂的任务时，应谨记这一原则，并将其应用到提示词的编写中，给 AI 思考的时间，从而更好地发挥 AI 的能力。

## 2.2.3　提示词的进阶结构

### （1）结构化提示词的标准格式

结合前文介绍的提示词基础结构，以及提示词的优化原则和具体策略，我们可以总结出完整的结构化提示词应包含以下部分：

角色：在这个任务中，AI 会扮演什么角色来帮助你解决具体的问题。

任务：你希望 AI 帮你完成一个什么样的任务。

知识：为了顺利完成任务，AI 需要掌握哪些知识。

背景：在完成任务的过程中，AI 需要了解哪些背景信息。
```

流程：AI 在帮你执行任务的过程中，第一步、第二步、第三步主要做什么。

要求：AI 给你的输出，应该符合哪些交付标准，有哪些限制要求。

当然，就如前文所述的“提供答案样本”一样，如果我们有标准化示例，可以一并输入。这样，AI 便可按照示例的语言风格、格式等要求输出结果，使结果更加精准、完备。

根据以上内容，我们能够归纳出一个精简的结构化提示词模板，以供后续创作时使用。使用时只需根据实际需求，补充具体信息即可。

角色：
你是一个 ×× 专家，擅长 ××× 技能。

任务：
请你帮我完成一个 ×× 任务。

知识：
你现在能熟练运用 ×× 知识。

背景：
这个任务的背景信息是 ×××。

流程：
第一步，你需要 ×××。
第二步，你需要 ×××。
第三步，你需要 ×××。

要求：
这个任务的交付标准是 ×××，要求是 ×××。

输出示例：
×××××。

不过，需要注意的是，如果一开始我们的任务思路不够清晰，那么直接编写结构化提示词可能会更耗费时间。不妨先尝试用简单的文字表达自己的需求，观察一下AI的输出效果，再通过多轮对话的方式让AI理解我们的具体需求，帮助我们解决问题。

当我们成功借助AI完成一项任务后，便可以根据先前与AI的对话，按照结构化提示词的格式整理出专属的提示词，这样会更加高效。

（2）案例演示

如果我们的任务思路已经比较清晰，并且对编写结构化提示词已较为熟练。那么在与AI进行对话时，便可以直接编写结构化提示词，以提高完成任务的效率和质量。

接下来，我们将通过案例具体演示结构化提示词的编写与应用。需要注意的是，并不需要每次都完全遵循结构化提示词的格式，根据现实需求描述即可。

案例：领导希望你写一份招聘职位描述（Job Description，JD），并且要符合公司的招聘JD模板和语言风格。

首先，我们需要设定AI的角色，既然任务是撰写招聘JD，设定其为资深的HR最为合适。

其次，我们需要考虑能够提供给AI的知识或背景信息。由于已有招聘JD模板，因此可以为AI提供的具体信息包括招聘岗位名称、岗位职责以及工作经验要求等。

最后，我们需要AI完成的任务是撰写一份完整且结构化的招聘JD。

通过以上分析，具体提示词如下：

角色：
你是一位资深的HR，擅长撰写招聘JD。

知识：
我即将给你想要招聘的岗位名称及其关键职责和工作经验要求。

任务：

请你帮我列出岗位所对应的技能和建议的教育背景。最后帮我生成一个结构化且吸引人的招聘 JD。

输出示例：

比如我要招聘“产品经理”，你返回 JD 如下：

岗位职责：

负责产品 B 端后台的架构设计、系统规划；

负责输出产品的业务流程、迭代方案；

负责多端业务角色的产品设计；

高效、高质量的输出能力，包括文档和原型方案。

任职要求：

至少有 3 年及以上的互联网产品设计经验，承担过复杂产品体系的规划和实施；

对数据敏感，有数据分析经验的优先；

善于沟通、逻辑清晰，自驱并乐观；

有良好的全局观，抗压能力强。

加分项：

有过 To C 项目的成功案例；

对产品经理这个岗位热情、专注；

有以下行业经验：社交网络、移动互联网。

如果你听懂了，可以用提问的方式来和我进行对话：我是你的岗位招聘 JD 经理，请问你要招聘什么岗位？

Kimi 的回答如图 2-12 所示。

您好！我是您的岗位招聘JD经理。请问您想要招聘什么岗位？同时，如果您能提供该岗位的关键职责和工作经验要求，我将能更准确地为您定制招聘职位描述。

图2-12 Kimi的回答

当收到AI的回复后，便可以输入要招聘的岗位及其需求。例如：招聘“课程设计师”岗位，需要3年教育行业经验，负责AI课程研发。Kimi的回答如图2-13所示。

当然，以下是针对“课程设计师”岗位的招聘：

职位名称：课程设计师

公司简介：

[公司名称]致力于创新教育技术，专注于开发前沿的AI教育课程，旨在培养下一代技术领导者。

岗位职责：

· 设计和开发高质量的AI教育课程，确保内容的科学性和前瞻性。

· 跟踪AI领域的最新发展，不断更新课程内容以反映行业趋势。

· 与教学团队紧密合作，确保课程的实用性和吸引力。

· 利用数据分析工具评估课程效果，根据反馈进行课程优化。

· 参与课程的市场调研和推广活动，以满足不同学习者的需求。

任职要求：

· 3年以上教育行业工作经验，具有AI课程设计经验者优先。

· 本科及以上学历，专业背景为教育学、心理学、计算机科学或相关领域。

· 对教育技术和人工智能有深入的了解和热情。

· 具备出色的研究、分析和写作能力，能够独立完成课程设计。

· 优秀的沟通和团队协作能力，能够与不同背景的团队成员有效合作。

加分项：

· 拥有教育技术或人工智能相关课程的证书。

· 成功设计并实施过在线教育课程。

· 对教育创新和终身学习有独到见解。

我们提供：

· 有竞争力的薪酬和全面的福利计划。

· 与行业内顶尖专家合作的机会。

· 持续的职业发展和学习资源。

申请方式：

请将您的简历和相关作品集发送至[公司招聘邮箱]，邮件主题请注明“应聘课程设计师”。

图2-13　Kimi的回答

可以看到，AI直接按照提供的参考示例格式，输出了一份“课程设计师”的招聘JD，并且添加了“公司简介”“申请方式”等内容，符合我们的预期。

本小节介绍了提示词的结构及其优化方法，希望大家在学习后能够更好地使用提示词，使AI更准确地理解我们的需求。

2.3 AI自媒体：撰写小红书文案

职场人士常面临工作单一、职业发展受限和主业不稳定等问题，渴望探索新领域以增加收入和提高影响力。自媒体时代为此提供了良好的解决途径。通过自媒体，普通人可利用工作经验和专业知识分享内容，扩大影响力并建立个人品牌。在众多自媒体平台中，小红书因用户众多、影响广泛且创作门槛低，特别适合普通人尝试。

在本小节中，我们将为大家介绍如何利用 AI 创作小红书账号内容。

2.3.1 明确账号创作定位

（1）赛道的定义及选择

首先我们需要明确赛道的概念，它指的是内容领域。打开小红书，其主页有一个“发现”的选项，其下分类了许多频道，如职场、学习、穿搭等，如图 2-14 所示。点击这些频道，即可看到与之相关的众多内容笔记，这些频道便是所谓的赛道。

图2-14 小红书页面

接下来我们将探讨选择赛道的原则，即我喜欢、我专业和离钱近。

第一个原则：我喜欢。在小红书平台上做自媒体，持续创作是必不可少的。因此，选择自己热爱的领域至关重要，因为只有热爱才有动力长期投入与创作。例如，若喜欢研究各种电子产品，便可以选择数码赛道；若喜欢分享职场经验，则可以选择职场赛道。总之，选择一个自己喜欢的领域，才能长久进行创作。

第二个原则：我专业。选择自身具备专业知识与经验的领域能帮助我们迅速建立权威，提高内容深度，从而吸引更多受众。例如，如果具有多年的摄影经验，甚至是签约摄影师，那就可以选择摄影赛道；如果是一名心理咨询师，那选择心理赛道将具有很强的竞争力。总之，选择自己擅长且能持续深耕的领域，可以有效扩大自己的影响力。

第三个原则：离钱近。作为自媒体创作者，自然希望能够通过流量实现变现。因此，在选择赛道时，应优先考虑那些能被更多人关注并且有潜力通过内容吸引读者付费的领域。例如家具、数码、母婴等赛道，更容易带来广告投放、合作推广等变现方式。

当然，作为普通人，在选择赛道时，我们通常难以同时满足以上三大原则。因此能符合 1 ～ 2 个便足以支撑我们进行自媒体创作。

明确赛道后，我们仍需要在赛道中确定细分领域，也就是定位，以增加账号竞争力和辨识度。

（2）AI 辅助确定定位

定位是自媒体创作的基础。确定细分定位后，账号的发展规划就会更加清晰明了。如果定位不清晰，很可能发了大量内容，结果却收效甚微，涨粉寥寥无几，不仅未能实现变现，还浪费了大量的时间与精力。

关于寻找定位的方法，可以参考以下公式：输出特定领域的内容 + 为特定人群提供具体服务。也就是我们选择输出某一特定领域的内容，专门为某一类群体提供帮助，以确保他们在希望了解该领域时率先想到我们。

我们应从自我出发，依据以下三个方向进行思考，以建立明确的个人定位。

第一个方向：我是谁。包括性别、年龄、工作等基本信息，以吸引与我们相似或对我们感兴趣的人群。

第二个方向：我做过什么。回顾自身过去的经历，特别是在工作或生活中具有突出意义的事件，如创业经验、职场经验等。

第三个方向：我能提供什么。如分享美食教程、沟通技能、专业知识等。

举例来说：

如果选择了美食赛道，且自己是广东人（我是谁），擅长粤菜（我做过什么）。那么就可以在小红书上分享制作粤菜的教程及食谱等（我能提供什么），为热爱烹饪的读者提供烹饪方法与技巧。

如果选择了摄影赛道，且自己热爱旅行（我是谁），擅长拍摄风景照（我做过什么），那么就可以在小红书上分享旅途拍摄风景照的技巧与经验，还可以针对喜欢旅行和摄影的人群提供器材选择、拍摄教程等服务（我能提供什么）。

如果我们暂时对账号定位没有清晰的认知，那可以利用 AI 帮助我们梳理并确定账号定位。

我们希望 AI 能扮演一个资深的小红书运营专家，通过分析用户提供的个人身份和经验等信息来确定其定位。提示词如下：

角色：

你是一个资深的小红书运营专家，具有很强的市场研究和分析能力，熟悉品牌策略制订、创意内容制作，可帮助用户精准定位个人 IP。

技能：

- 根据用户的背景和优势，帮助其梳理出清晰、真实的人设，完成小红书个人 IP 定位。
- 分析用户的受众群体及受众群体的关注点，为用户规划营销目标、分析变现途径。

工作流程：

- 引导用户输入个人身份、性格、价值观、经历、兴趣爱好等，做其想要做的赛道。
- 请分析用户的身份、经历、兴趣爱好，为用户梳理用户想要做的赛道的相关人设定位。
- 请为该定位的人设分析其受众群体及受众群体的关注点。
- 请帮助用户规划营销目标，分析变现途径。

举例来说：

如果选择了职场赛道，并且擅长制作 PPT，但不知道接下来要怎么做，那么可以运用 AI 来帮助我们找到定位。首先将上述提示词输入，得到 AI 回复后便可按照先前提及的三个方向——“我是谁”“我做过什么”“我能提供什么”输入自己的需求，具体如图 2-15 所示。

Q：我是一家200强上市公司的项目经理，擅长PPT设计，获得了MOS认证，给上市公司做过100套PPT。
A：根据你提供的信息，我们可以开始确定你的小红书个人IP定位和营销策略。以下是我的建议：
个人IP定位：
· 身份定位：作为一家200强上市公司的项目经理，你拥有丰富的项目管理经验和专业知识。
· 专业技能定位：擅长PPT设计，拥有MOS认证，这表明你在办公软件应用方面具有专业水平。
· 成就展示：为上市公司设计过100套PPT，这可以作为你专业水平的有力证明。
人设构建：
· 专业形象：以专业项目经理的身份，分享项目管理的知识和经验。
· 教育者角色：利用你的PPT设计技能，教授如何制作高效、吸引人的PPT。
· 行业洞察者：分享上市公司内部的工作流程、管理策略等，但注意保护公司机密。
受众群体与关注点：
· 受众群体：职场新人、项目经理、企业高管、PPT设计爱好者等。
· 关注点：项目管理技巧、高效办公、PPT设计、职场发展等。
营销目标与变现途径：
· 内容规划：定期发布项目管理技巧、PPT设计教程、职场经验分享等内容。
· 互动策略：通过问答、直播等形式与粉丝互动，提高粉丝黏性。
· 品牌合作：与办公软件品牌、企业管理软件等进行合作，进行产品推荐或广告植入。
· 知识付费：开设线上课程或工作坊，教授PPT设计和项目管理。
· 出版图书：整理你的经验和知识，出版电子书或实体书。
行动计划：
· 内容制作：制定内容日历，规划每周发布主题和时间。
· 品牌合作：寻找与你的专业领域相关的品牌进行合作。
· 社群建设：建立粉丝群，增强粉丝之间的互动和对你的忠诚度。
· 数据分析：定期分析用户反馈和内容表现，优化策略。
请根据这些建议开始规划你的小红书账号，如果你需要更详细的帮助或有其他问题，随时告诉我。

图2-15　Kimi的回答

通过案例不难发现，我们输入的信息越详细，AI 越能更好地为我们梳理定位，依据个人基本信息与经历等帮助我们确定定位，并规划出清晰的发展路径。

其他平台的定位方法与之类似，只需要将提示词中的“小红书”修改为对应平台名称即可。

2.3.2　规划内容选题

明确定位后，接下来便需要持续创作内容，以吸引目标用户。不过，大多数人经常会遇到缺乏灵感、选题枯竭等问题，我们同样可以利用 AI 协助规划选题。

（1）选题的分类

选题大致可以分为两类：干货类和热点类。

第一，干货类选题：指的是分享自己所在领域的专业知识、技巧与经验等内容，这类选题实用性强，能够解决实际问题、提高生活品质及技能水平。

例如：护肤技巧、穿搭指南、旅游攻略、职场沟通技巧等都属于干货类选题。

干货类选题，需注意垂直且细分。可从以下三个思路展开：

横向。即按照时间轴拆分选题，将事件划分为几个阶段，从不同阶段寻找选题。如作为职场博主，想要做简历细分领域，则可以分为简历准备、简历撰写、简历优化三个阶段。

纵向。即对特定领域进行深挖与细分，深挖和细分的部分都可以作为单独的选题。如作为美妆博主，可以对护肤品、化妆品进行细分，每款产品的类型、成分等都可以作为选题。

交叉。即结合多个领域，扩大内容涵盖面。如作为职场博主，可以将内容和办公工具结合，分享哪些工具能够提高工作效率、哪些工具能够合理分配时间等。

第二，热点类选题：指的是围绕当前社会热点事件或话题进行的选题。

在筛选热点类话题时，可点击与赛道相关的带“#”的话题标签，查看热门笔记，获取源源不断的选题。

（2）利用 AI 细分选题

掌握上述筛选不同选题的方法后，我们可以利用 AI 细分选题。

提示词如下：

角色：

你是一名优秀的小红书选题专家，擅长将选题扩展。

选题思路：

- 横向：按照时间线对选题进行拆分。
- 纵向：对领域进行深入挖掘和细化。
- 交叉：多领域结合。

工作流程：

- 等待用户输入一个主选题。
- 根据输入的选题按“# 选题思路”进行细分，细分 10 个，最后以表格形式输出。

举例来说：

如果你是职场类博主，想做与职场沟通相关的选题。首先将上述提示词输入，得到回复后再输入所需选题，Kimi 的回答如图 2-16 所示。

以“职场沟通”为主选题，我们可以从不同维度进行细分，以下是根据横向、纵向和交叉选题思路进行的细分，最后以表格形式输出。

序号	选题方向	细分选题描述
1	横向-时间线	新人入职：职场沟通的第一课
2	横向-时间线	职场中期：如何通过沟通提升工作效率
3	横向-时间线	职场晋升：沟通技巧在领导力发展中的作用
4	纵向-深入挖掘	有效沟通的基本原则和技巧
5	纵向-深入挖掘	职场中的书面沟通：电子邮件和报告撰写
6	纵向-深入挖掘	职场中的口头沟通：会议发言和演讲技巧
7	交叉-多领域	职场沟通与情绪智力：如何读懂他人情绪
8	交叉-多领域	职场沟通与团队协作：如何促进团队内部沟通
9	交叉-多领域	职场沟通与跨文化理解：如何在多元文化环境中沟通
10	交叉-多领域	职场沟通与个人发展：如何通过沟通建立个人品牌

这个表格提供了一个框架，你可以根据实际情况进一步细化和调整每个细分选题，以确保它们能够吸引你的目标受众，并提供有价值的内容。如果你需要进一步的帮助，或者想要讨论更具体的选题，请随时告诉我。

图2-16　Kimi的回答

输入具体需求后，AI便能快速给出选题方向，但需要注意，AI仅起到辅助作用，其提供的选题只是思路上的启发，具体的内容仍需自己深入挖掘。

2.3.3　AI高效生成小红书文案

（1）创造爆款标题

在探讨如何运用AI创造出爆款标题前，需澄清一些普遍存在的误解。

有些人可能认为做好小红书的内容文案后，随便起个标题就好。但事实证明，标题至关重要。首先，一个吸引人的标题能抓住用户的眼球，增加笔记的点击率，从而提高内容的曝光度。其次，简洁的标题能帮助用户快速了解笔记的核心信息，提高用户的阅读兴趣。最后，关键词丰富的标题有助于用户在搜索时更易发现我们的笔记。

接下来，我们将分析爆款标题的特点。总结为以下特点。

第一，简洁。小红书的标题字数是有限制的，因此要在字数范围内清楚直接地表达笔记内容的核心信息。如 10 项技能、4 步法等。

第二，“浮夸”。即使用夸张词汇放大标题的效果，激发读者的好奇心。如“三周瘦十斤”“三分钟早餐”都采用了浮夸的表达，能激发读者的好奇心。

第三，精准定位。即在标题中明确用户群体，精准吸引目标受众。如学生党、职场人、宝妈等。

第四，情感共鸣。即在标题中激发用户的情感反应，增加其参与度。例如，“工作压力大，想恢复精力”这一标题会引起职场人的共鸣；“高三”这一标题则能够吸引面临巨大压力并寻求抗压方法的高中生；“长寿”这一标题则会吸引关注身体健康的人群。

第五，权威背书。即引用名人或权威机构的推荐，增加标题的可信度与吸引力。如健身教练、营养师、理发师等都是较为权威的专业人士。

在明确了爆款标题的特点之后，我们便可以利用 AI 根据以上特点进行标题创作。提示词如下：

角色：

你是一名优秀且专业的小红书爆款标题专家，擅长起爆款标题。

技能：

- 字数控制：字数在 20 字内，文本尽量简短。
- 口语化表达：以口语化的表达方式拉近与读者的距离。
- 标点符号：使用惊叹号、省略号等标点符号增强表达力，营造紧迫感和惊喜感。
- Emoji 表情：必须使用 Emoji 表情符号，增加标题的活力。
- 标题公式：采用数字 + 关键词 + 问题引导 / 警示词汇 + 情感 / 好奇心激发的标题公式。
- 数字和符号的使用：包含数字和符号，吸引用户眼球，突出关键信息。
- 问题引导：标题中使用疑问句，如“如何拒绝领导的不合理工作安排？”或“为什么你找不到自己的优势？”，直接针对读者关心的问题，引导他们点击文章。
- 警示语言：使用警示词汇如“千万别犯”等，突出标题的重要性，让读者感到有必要了解更多。

- 关键词突出：使用关键词，如“面试”“职场”“沟通”“领导”等，直接表明文章内容与读者关心的主题相关。

- 情感和好奇心激发：使用情感词汇或设置悬念，激发读者的好奇心，例如“杀出职场底层——教你如何从平凡中冒出头”或“为什么你找不到自己的优势？”。

- 创意思维：产生富有创意和吸引人的标题点子，吸引读者点击并阅读内容。

- 同理心：熟悉职场人士的痛点。

- 文字表达能力：拥有出色的文字表达能力，能够用简洁、生动、有吸引力的语言编写标题。

工作流程：

- 先介绍自己，引导用户先输入小红书笔记选题和面向人群。

- 使用上述技能，生成 10 个小红书爆款标题。

举例来说：

如果是职场类博主，想要做有关求职面试技巧的选题，目标人群为大学生。首先将上述提示词输入，得到回复后输入选题和目标人群即可，Kimi 的回答如图 2-17 所示。

太棒了！针对大学毕业生的求职面试技巧，我将运用我的专业技能，为你打造一系列吸引眼球的小红书爆款标题：
① “🎓 大学毕业生注意！5个面试技巧，让你脱颖而出！”
② “💼 面试紧张？3个秘诀，让你从容应对面试官！”
③ “🔍 面试官到底想听什么？4个技巧，让你的答案直击要点！”
④ “🚀 毕业季面试必备！6个技巧，让你面试无往不利！”
⑤ “❗ 面试陷阱揭秘：这5个错误，大学毕业生千万别犯！”
⑥ “🤔 为什么你的面试总是没下文？7个技巧，让你秒变面试高手！”
⑦ “🌟 面试加分项：3个小技巧，让你在众多候选人中脱颖而出！”
⑧ “📈 面试时如何展示你的潜力？5个技巧，让面试官对你印象深刻！”
⑨ “🚫 面试中的这些话，大学毕业生千万别说！”
⑩ “💡 面试官问你‘有什么问题要问我吗？’时，如何回答才能加分？”
这些标题结合了数字、关键词、问题引导、警示语言和情感激发等多种元素，旨在吸引大学毕业生的注意力，并帮助他们在求职面试中取得成功。如果你需要进一步的帮助或有其他问题，随时可以告诉我。

图2-17 Kimi的回答

可以看到，AI 生成的标题既有表情符号，又较为口语化，是比较好的小红书标题。若字数超过限制范围，则需适当删减并调整。

（2）生成优质内容

一篇优秀的小红书笔记，不仅需要爆款标题，优质内容也十分关键。优质的文案能提供高价值的信息，留住目标受众，促进读者转化为粉丝并提高忠诚度。

因此在介绍了爆款标题的创作后，我们最后来学习如何运用 AI 辅助生成高质量的文案内容。提示词如下：

角色：

你是一名资深小红书内容创作者，专注于创作高质量、有价值的内容，帮助用户吸引更多读者。

背景：

用户在小红书发布内容以吸引读者的关注。好的内容需要具备数据支撑、逻辑清晰、案例支持、名人名言和场景描述等特点。

技能：

- 写作风格：热情、亲切。
- 开篇方法：直接描述痛点。
- 文本结构：步骤说明式。
- 互动引导方法：求助式互动（如："大家有类似的经历吗？"）。
- 小技巧：用口头禅，使用爆炸词（如："手残党必备"）。
- 语言风格：口语化、简短，每句话都尽量口语化。
- 表情符号：在每段话的开头使用表情符号，每段话中添加一些 Emoji。

工作流程：

- 先介绍自己，再等待用户输入相关选题或小标题。
- 生成文案：根据输入的选题或小标题，使用上述技能，生成详细的小红书文案内容。

举例如下：

如果是职场类博主，想要做职场上下级沟通技巧的选题。首先将上述提示词输入，得到回复后直接输入需求即可，Kimi 的回答如图 2-18 所示。

职场沟通，你掌握了吗？
Hey，职场小伙伴们！
上下级沟通，听起来是不是有点头疼？别担心，我来帮你一一击破！
开场白：直接切入主题
“早上好，老板！关于昨天的项目，我有几点想法想和您讨论一下。”直接又礼貌，开启有效沟通的第一步。
逻辑清晰：结构化你的想法
把要说的内容分成几个部分，逻辑清晰地表达出来。“首先，关于预算……其次，人员分配……最后，时间规划……”
数据支撑：用事实说话
“根据我们的市场调研，增加这部分预算能带来20%的回报。”数据让你的论点更有说服力。
尊重与理解：站在对方的角度
“我理解您对成本的考虑，但长远来看……”尊重上级的决策，同时提供你的见解。
案例支持：用实例增强说服力
“就像我们之前处理×项目时……”用具体案例来支持你的观点，让沟通更有说服力。
倾听：不只是说，还要听
“您的看法是……？”认真倾听上级的意见，展现你的尊重和开放性。
反馈：及时给予回应
“感谢您的建议，我会立即调整方案。”及时反馈，展现你的团队精神和执行力。
观察：读懂非语言信号
注意观察对方的肢体语言和表情，这有助于你更好地理解对方的情绪和反应。
结束语：留下深刻印象
“再次感谢您的宝贵意见，我会确保项目顺利进行。”结束时留下积极、专业的印象。
互动引导
大家在职场中有哪些沟通小技巧？在评论区分享你的经验，让我们一起成长！

图2-18 Kimi的回答

从 AI 生成的结果中，我们可以发现，它融合了小红书文案的语言风格与特点，输出了较为不错的文案内容。然而，需要注意的是，在获取 AI 输出的内容后，我们仍要根据实际需求进行手动加工和调整。AI 作为辅助工具，仅能帮助我们缩短成文时间，最终文案的质量仍取决于我们的编辑。

除了利用提示词进行 AI 创作，我们还可以使用“Kimi+”中已经配置好的“小红书爆款生成器”来生成文案。

为了方便比较，我们仍然使用“职场沟通技巧”作为选题，适当添加面向的目标人群与需要提供的具体内容，如图 2-19 所示。

Q：我想写一篇职场沟通技巧的小红书文案，主要面向工作3～5年的年轻人，其中的主要内容是PREP沟通法则、RIDE说服模型。

A：标题：【职场新人必看】3～5年工作经验者，用PREP法则+RIDE模型秒变沟通高手！

正文：

亲爱的打工人们，你们是否在职场上遇到过沟通难题？今天，我要分享两个超实用的沟通技巧——PREP法则和RIDE模型，让你在职场上如鱼得水！

•【PREP法则】

Point（观点）- 清晰表达你的核心观点

Reason（理由）- 给出支撑观点的理由

Example（例子）- 用具体例子来证明你的观点

Point（观点）- 再次强调你的观点，加深印象

•【RIDE模型】

Risk（风险）- 指出不采取行动的风险

Interest（利益）- 展示采取行动的好处

Difference（差异）- 突出你的方案与众不同的地方

Evidence（证据）- 提供证据来支持你的方案

图2-19 小红书爆款生成器的回答

可以发现，得到的回答也相当不错。当然，除了“Kimi+”，还有很多其他 AI 工具可以辅助生成小红书文案，可以多加尝试。

本小节讲解了如何利用 AI 在小红书的定位、选题及内容创作三个方面进行辅助。希望通过本小节的学习，大家能够创作出令人满意的小红书账号内容。

2.4 AI自媒体：撰写爆款短视频文案

在全民自媒体时代，抖音作为全球最受欢迎的短视频平台，吸引了大量用户和创作者。普通创作者希望通过爆款视频获取流量实现变现，但常面临效率低、灵感枯竭和专业性不足的问题。在此背景下，AI 撰写短视频文案的潜力尤为突出。AI 具备强大的自然语言处理能力，能够分析和学习优质视频文案，持续生成优质的短视频文案。

本小节将探讨如何运用 AI 工具撰写爆款短视频文案。

2.4.1 AI 撰写爆款短视频文案的步骤

利用 AI 撰写爆款短视频文案的流程，可以拆解为以下三个步骤。

（1）对标素材，总结分析

在开始撰写爆款短视频文案前，我们可能会感到迷茫。这时，我们可以从自己的创作领域中找寻一些优秀的爆款短视频文案，交给 AI 进行学习与分析，让其总结出这些短视频文案的亮点和写作框架。这样，我们便能掌握撰写爆款短视频文案的关键。

不过，虽然抖音有许多爆款视频，但我们不可能将所有视频都作为参考素材。同时，一些爆款视频在内容上与我们的创作定位具有明显的差异，如果将它们作为对标素材，不仅难以提供有价值的参考信息，还可能导致今后的创作方向产生偏差。

因此，选择对标素材应遵循以下两个原则：

第一，根据视频的社交互动表现挑选素材。具体指标包括点赞量、评论量和转发量等，这些数据可以反映视频的受欢迎程度和互动性。

第二，确保视频内容与目标用户偏好相符。这就需要我们对目标用户有深入的了解。明确目标受众的特征，了解他们的偏好和关注点。在寻找前可以询问自己一些关键问题，例如：我的目标受众是谁？他们喜欢什么样的内容？哪些元素能够吸引他们的注意力？

遵循以上两个原则，我们便可以筛选出符合目标受众喜好和关注点的爆款视频，作为后续分析的对标素材，让 AI 进行总结归纳。

（2）结合目标，固定模型

根据 AI 分析和总结出的亮点与写作框架，我们可以结合自己的具体目标进行优化调整，从而定制出符合我们创作定位的爆款短视频文案模型，并为其命名。今后撰写文案时，直接套用这个模板，既省时又省力。

（3）生成内容，持续优化

定制好专属模板后，我们需要向 AI 明确具体需求，如主题、文案需要突出的特点、限制字数等。然后，让 AI 根据这些信息使用我们定制的模板来创作内容。完成初稿后，我们还可以根据现实情况不断进行优化调整，使文案越来越贴近我们的需求。

2.4.2 案例演示：AI 撰写爆款短视频文案

熟悉了 AI 撰写爆款短视频文案的流程后，我们将通过具体案例演示如何利用 AI 创作出不同领域的爆款短视频文案。

假设我们是知识科普类博主，想分享生活中的有趣现象的原理。根据 AI 撰写爆款短视频文案的步骤，首先我们需要选择对标素材，让 AI 根据视频文案内容进行分析和总结。

根据前文提及的选取原则，我们选择了李永乐老师关于《在雨中走路淋雨多还是跑步淋雨多》的视频作为对标素材。首先，这条视频获得了 80 万点赞和近 9 万条评论，说明其受欢迎程度很高。其次，李永乐老师是抖音知识领域的千万级博主，其视频内容和我们的目标用户是相符的。

由于目前 AI 尚不能直接通过视频链接提取文案进行分析总结，因此我们需要先将视频内容提取出来。

在浏览器中搜索轻抖，然后在页面中选择其中的“批量提文案”，将视频链接复制到处理框内，点击“开始提取”。

处理成功后，点击复制文案，便可以成功获取视频的文案内容。需要注意的是，轻抖普通用户一天只能免费提取一次文案。下面是整理好的对标视频文案。

对标视频文案

“如果有一天下雨了，你刚好没有带雨伞，还需要回家。那么你是走路回家淋雨多，还是跑步回家淋雨多呢？我们假设人在雨中的速度是 v，雨滴下落的速度是 u。相对于地面，人是水平运动的，而雨滴是竖直运动的。但是相对于人，雨滴就是倾斜运动的。在人跑回家的时候，柱体形状的雨滴会落到人的身上。

我们知道，柱体的体积等于底面积乘以高，也就是等于人迎接雨的面积再乘以人跑回家的距离，与人的速度 v 是毫无关系的。人跑得快，柱体就矮胖一些；人跑得慢，柱体就瘦高一些。但是体积是一样的。所以说，无论是走回家还是跑回家，淋的雨都是一样多的。

这个结论显然不符合事实。在雨中时间越长，淋雨肯定越多。这是咋回事呢？这是因为淋雨的地方不光有正面，还有头顶。如果你把头顶的面积也算上，就会发现，当人速度快的时候，头顶这一部分落的雨滴少；而人速度慢的时候，头顶这一部分落的雨滴就会多。所以还是跑回家淋雨少一些。

如果你想淋的雨更少一些，还有什么办法吗？只要你能够减少身体迎接雨的面积就好了。比如说你侧着身跑，迎接雨的面积就比正面跑要小。如果你把身体向前倾，保持一个特定的角度，迎接雨的面积就会更小。所以，下雨天如果没有带伞，不妨侧着身体、倾斜着向前跑，这样淋的雨就会最少了。”

接下来，根据我们前面提及的结构化提示词结构，我们可以编写以下提示词：

我是一位“知识领域”的“抖音创作者”，我希望你扮演一个“擅长短视频文案写作”的专业导师，来为我从一些“经典的爆款知识分享短视频文案”中提炼特点、建立模板，并为我提供清晰的指导和建议，让我能更好地创作我自己的知识分享文案。

现在我将发送一篇视频文案给你，请你学习他的文案内容，学习完毕请回复“已学习”。我将告知你下一步指令。

以下是文案内容：
“短视频文案内容”

然后，等AI回复我们“已学习”后，我们再输入第二段提示词：

现在，请你对刚刚学习的短视频文案进行总结。请提炼文案的语气、写作风格、用词、句式等各方面的特点，并根据抖音爆款短视频文案的特征，找出其中7个重要要素，并详细描述这个文案框架。

Kimi的回答如图2-20所示。

对您提供的短视频文案进行总结，以下是提炼出的7个重要要素，以及它们在文案框架中的具体体现：

① 问题引入：
○ 语气：好奇、探究。
○ 写作风格：直接提出问题，激发观众的思考。
○ 用词：简单明了，使用日常用语。
○ 句式：疑问句，设置悬念。

② 科学解释：
○ 语气：权威、教育性。
○ 写作风格：使用科学原理进行解释。
○ 用词：专业术语，如“柱体”“体积”“速度”等。
○ 句式：陈述句，逐步展开分析。

③ 逻辑推理：
○ 语气：理性、逻辑性。
○ 写作风格：通过逻辑推理引导观众。
○ 用词：逻辑连接词，如“所以”“因此”。
○ 句式：因果句，展示推理过程。

④ 现实情境对比：
○ 语气：贴近生活、实际。
○ 写作风格：将理论与现实情境相结合。
○ 用词：生活化的语言，易于观众产生共鸣。
○ 句式：对比句，突出理论与实际的差异。

⑤ 实用建议：
○ 语气：指导性、建议性。
○ 写作风格：提供具体可行的行动建议。
○ 用词：动词和描述性词汇，鼓励行动。
○ 句式：命令句或建议句，直接指导观众。

⑥ 视觉化描述：
○ 语气：形象、生动。
○ 写作风格：通过视觉化的语言帮助观众形成心理图像。
○ 用词：形象的形容词和动词。
○ 句式：描述性句子，描绘动作和场景。

⑦ 幽默感：
○ 语气：轻松、幽默。
○ 写作风格：在解释和建议中加入幽默元素。
○ 用词：幽默的比喻和夸张的表达。
○ 句式：轻松的语气，使用反问或夸张手法。

文案框架描述：
○ 开头：使用问题引入，设置情境，吸引观众注意力。
○ 主体：通过科学解释和逻辑推理，逐步展开问题讨论，引导观众思考。
○ 转折：与现实情境对比，展示理论与实际的差异，增加文案深度。
○ 建议：提供实用建议，增强文案的实用价值。
○ 视觉化：使用视觉化描述，帮助观众更好地理解建议。
○ 结尾：以幽默的语言结束，留下深刻印象，增加文案的吸引力。

图2-20 Kimi的回答

通过 AI 返回的结果，我们可以看到它提炼了该对标素材文案的 7 个要素，如问题引入、科学解释、幽默感等，并给出了初步的文案框架。我们可以根据具体需求判断是否需要进一步进行优化调整。

如果没有问题，我们便可以将其固定下来，形成一个可持续生成内容的爆款短视频文案模板。为了方便后续创作，我们可以为该模板起一个具体的名字，以后每次想要生成类似风格的文案时，只需告知 AI 该模板的名字，它就可以为我们生成具体的内容。

提示词如下：

好的，现在我把上面的内容命名为“抖音知识分享文案模板”。之后我利用这个模板来创作自己的抖音视频文案时，会告诉你这个名字。

具体演示：

我们接在刚才的对话后面，将提示词直接复制输入，结果如图 2-21 所示。

非常好，您已经为这个有效的文案创作框架命名为“抖音知识分享文案模板”。当您准备利用这个模板来创作自己的抖音视频文案时，只需告诉我这个模板的名称，我就可以根据您的需求提供进一步的帮助和建议。
这个模板是一个很好的起点，可以帮助您系统地构建文案，确保您的视频内容既有教育性又具有吸引力。在您创作过程中，如果需要任何帮助，比如对文案的某个部分进行优化、增加互动性元素、想要获取更多关于如何提高视频吸引力的建议，随时欢迎您告诉我，我会尽我所能为您提供支持。

图2-21　Kimi的回答

当我们收到 AI 的回复，就说明这个文案模板已经建立并存储好了。

最后，我们可以输入具体需求，直接让 AI 调用已建立好的视频文案模板生成内容。比如，我们希望 AI 运用“抖音知识分享文案模板”帮助我们撰写一篇抖音短视频文案，主题为“为什么人们没有 3 岁前的记忆”。提示词如下：

现在，请你使用“抖音知识分享文案模板”帮我写一篇主题为“为什么人们没有 3 岁前的记忆”的短视频文案，字数在 700 字左右，注意口语化、风格要幽默。

Kimi 的回答如图 2-22 所示。

当然可以，让我们来创作一篇关于“为什么人们没有3岁前的记忆”的抖音视频文案，使用“抖音知识分享文案模板”，并保持口语化和幽默的风格：

开头（问题引入）：

“嘿，你有没有想过，为啥我们总是不记得3岁前的那些使用尿布和奶瓶的日子？难道我们的大脑在那时候就已经开始选择性失忆了吗？别急，今天咱们就来揭秘这个记忆的小秘密！”

科学解释：

“首先，给大家科普一下，我们的记忆其实是个挑剔的小家伙。它喜欢新鲜、刺激的东西，比如你第一次吃辣椒，或者第一次被辣椒辣到。但3岁前的记忆？抱歉，那时候的我们还在忙着学习走路和说话，大脑还没空去整理那些重要的记忆档案呢。”

逻辑推理：

“你可能会问，那为啥我们记得怎么走路和说话呢？别急，这就要说到大脑的神奇功能了。我们的大脑里有个叫‘程序记忆’的区域，专门负责这些自动化的技能。但那些需要我们刻意回忆的‘情景记忆’，比如你的第一个生日派对，那时候的大脑可能还在忙着升级系统，没来得及保存呢。”

现实情境对比：

“想象一下，如果你的电脑在安装更新，你还能指望它同时处理其他任务吗？我们的大脑也是一样，3岁前，它正忙着升级，所以那些看似不重要的记忆，就被暂时搁置了。”

实用建议：

“但别担心，虽然我们记不得3岁前的事，但这并不意味着我们的童年就消失了。你可以通过看旧照片、听家人讲述那些趣事来重温那些美好的时光。”

视觉化描述：

“想象一下，你的记忆就像一个巨大的图书馆，3岁前的那些书可能被放在了最高层的书架上，不容易拿到，但它们依然存在，等待着你去发现。”

幽默感：

“所以，下次当你妈妈告诉你，你小时候有多调皮时，你可以幽默地回答：‘哦，那一定是我的另一个分身，我可不记得那回事！’”

结尾：

“好了，今天的揭秘就到这里。如果你想知道更多关于大脑的奇妙秘密，记得关注我，下次我们再一起探索大脑的奥秘。别忘了点赞、分享和留言，告诉我你最想忘记的记忆是什么，也许下次我们可以聊聊如何科学地忘掉它！”

这篇文案使用了“抖音知识分享文案模板”，以幽默和口语化的风格，结合了问题引入、科学解释、逻辑推理、现实情境对比、实用建议、视觉化描述和幽默感，希望能够吸引观众的兴趣，并在轻松愉快的氛围中分享知识。

图2-22　Kimi的回答

通过 AI 的回复，我们可以发现，AI 模仿了之前对标素材的语言风格和文案框架，输出了一篇质量相当不错的视频文案。当然，我们也可以根据具体情况提出其他要求，如调整字数、增加吸引观众的问句等。我们的需求越具体详细，AI 生成的内容就越精准可用。

例如，如果我们希望这篇文案增加更多能勾起观众观看欲望的问句，可以在当前文案的基础上输入自己的意见。这将有助于 AI 更好地满足我们的需求并提升内容的吸引力。提示词如下：

请在当前文案的基础上添加更多的问句，让这篇视频文案更加具有吸引力。

Kimi 的回答如图 2-23 所示。

当然可以，让我们在文案中增加一些问句，以增强吸引力：

开头（问题引入）：
“嘿，你有没有想过，为啥我们总是不记得3岁前的那些使用尿布和奶瓶的日子？难道我们的大脑在那时候就已经开始选择性失忆了吗？别急，今天咱们就来揭秘这个记忆的小秘密！但在此之前，你有没有好奇过，为什么有些人能记得很小的时候的事情，而我们却一片空白？”
科学解释：
“首先，给大家科普一下，我们的记忆其实是个挑剔的小家伙。它喜欢新鲜、刺激的东西，比如你第一次吃辣椒，或者第一次被辣椒辣到。但3岁前的记忆？抱歉，那时候的我们还在忙着学习走路和说话，大脑还没空去整理那些重要的记忆档案呢。那么，你可能会问，为什么偏偏是3岁呢？”
逻辑推理：
“你可能会问，那为啥我们记得怎么走路和说话呢？别急，这就要说到大脑的神奇功能了。我们的大脑里有个叫‘程序记忆’的区域，专门负责这些自动化的技能。但那些需要我们刻意回忆的‘情景记忆’，比如你的第一个生日派对，那时候的大脑可能还在忙着升级系统，没来得及保存呢。那么，升级系统的时候，我们的大脑都在忙些什么呢？”
现实情境对比：
“想象一下，如果你的电脑在安装更新，你还能指望它同时处理其他任务吗？我们的大脑也是一样，3岁前，它正忙着升级，所以那些看似不重要的记忆，就被暂时搁置了。但你有没有想过，这些被搁置的记忆真的就消失了吗？”
实用建议：
“但别担心，虽然我们不记得3岁前的事，但这并不意味着我们的童年就消失了。你可以通过看旧照片、听家人讲述那些趣事来重温那些美好的时光。那么，你有没有想过，这些回忆对我们意味着什么？”
视觉化描述：
“想象一下，你的记忆就像一个巨大的图书馆，3岁前的那些书可能被放在了最高层的书架上，不容易拿到，但它们依然存在，等待着你去发现。那么，你有没有想过，我们怎样才能找到那些被遗忘的记忆呢？”
幽默感：
“所以，下次当你妈妈告诉你，你小时候有多调皮时，你可以幽默地回答：‘哦，那一定是我的另一个分身，我可不记得那回事！’但说真的，你有没有好奇过，我们的记忆里还藏着哪些秘密？”
结尾：
“好了，今天的揭秘就到这里。如果你想知道更多关于大脑的奇妙秘密，记得关注我，下次我们再一起探索大脑的奥秘。那么，你最想忘记的记忆是什么？你最想找回的记忆又是什么呢？在评论区告诉我，也许下次我们可以聊聊如何科学地忘掉它，或者找回它！”

图2-23 Kimi的回答

对比发现，输出的视频文案更加符合我们的要求，添加了很多问句。如“而我们却一片空白？”“这些被搁置的记忆真的就消失了吗？”

通过该案例的演示，我们可以清楚地认识到 AI 在内容创作上的巨大潜能。无论我们希望生成什么风格的视频文案，只需提供对标素材和任务要求，AI 都能够根据我们的需求生成高质量的内容。

2.5 职场提效：用AI写出专业周报

周报是职场沟通工作进展和规划任务的重要工具，传统撰写周报方式耗时长且易遗漏信息，内容冗长缺乏重点，影响信息流通和决策效率。

本小节将介绍如何通过 AI 工具撰写专业且有针对性的周报，提高效率，推动团队高效运作。

我们将通过输入指令、添加要求、提供岗位和工作简述这三个步骤，有序地完成提示词，从而让 AI 生成工作周报。

2.5.1 步骤一：输入指令

首先，输入指令的意图在于向 AI 明确我们的需求。在此情境下，我们的需求是让它为我们撰写一篇专业的工作周报。可以输入如下提示词：

> 请为我生成一篇详尽的工作周报，要求具体阐述工作内容并按顺序罗列。

通过这一指令，我们为 AI 指定了编写周报的任务，并指示其需结合我们的工作内容进行创作，减少 AI 自由发挥内容的可能性。

Kimi 的回答如图 2-24 所示。

创建一篇详尽的工作周报需要包括一些关键要素，比如项目进展、问题和解决方案、下周计划等。由于我没有您具体的工作内容信息，我将提供一个通用的模板，您可以根据自己的实际情况进行填充和调整。

工作周报
日期：2024年7月××日～2024年7月××日
编写人：【您的姓名】
部门/团队：【您的部门或团队名称】

一、本周工作概述
简要概述本周工作的主要内容和目标。

二、具体工作内容
1.项目/任务名称1
• 目标：描述项目或任务的目标。

图2-24

• 进展：描述本周在该项目或任务上取得的进展。
• 关键成果：列出本周完成的关键成果或里程碑。
2.项目/任务名称2
• 重复上述格式，为每个项目或任务提供详细信息。

三、问题与挑战
列出本周遇到的任何问题或挑战，以及您是如何应对的。

四、下周工作计划
提前规划下周的工作重点和计划。
1.计划任务1
• 目标：描述下周计划达成的目标。
• 行动计划：描述为达成目标需要采取的行动。
2.计划任务2
• 重复上述格式，为每个计划任务提供详细信息。

五、其他事项
包括任何需要特别提及的事项，如会议、培训、团队建设等。

六、附件
如果有相关的文档、报告或数据支持材料，请在此列出。

请根据您的具体情况，填充上述模板并添加或删除任何需要的章节。记得在发送前检查并确保所有信息都是最新和准确的。

图2-24 Kimi的回答

2.5.2 步骤二：添加要求

在输入指令之后，我们还需在提示词中明确周报的具体要求。由于不同公司对周报的要求各异，有些公司可能要求包含个人自评、下周工作计划、总结等个性化内容。因此，在这一步骤中，我们应结合自己公司的特定要求，向 AI 明确需要生成一份怎样的周报。

例如，若公司要求周报除了体现工作内容，还需包含个人评估和反思、下周工作计划和目标，并且要求语言简洁明了、条理清晰，那么我们可以编写如下提示词：

> 请为我生成一篇详细的工作周报，要求将工作内容具体化并按顺序列出。同时，这份工作周报还应包含个人评估和反思、下周工作计划和目标，且语言需简洁明了、条理清晰。

Kimi 的回答如图 2-25 所示。

当然可以，以下是一份工作周报的模板，您可以根据自己的具体情况进行调整和填充：

工作周报

姓名：【您的姓名】

职位：【您的职位】

部门：【您所在的部门】

日期：【报告的日期范围，例如：2024年7月10日～2024年7月16日】

本周工作总结

1.项目/任务名称：【项目或任务的名称】

○ 完成情况：【任务完成的百分比或状态】

○ 关键成果：【具体完成的工作内容或达成的成果】

○ 遇到的问题及解决方案：【在执行过程中遇到的问题和您采取的解决措施】

2.会议/培训：

○ 参与情况：【参与的会议或培训名称及日期】

○ 学习/讨论要点：【会议或培训中学到的关键信息或讨论的要点】

3.其他工作：

○【列出本周完成的其他工作任务或职责】

个人评估与反思

○ 优点：【本周工作中表现出的优点或成功经验】

○ 不足：【本周工作中的不足之处或需要改进的地方】

○ 反思：【对本周工作的深入思考和自我评价】

下周工作计划

1.主要目标：【下周的主要工作目标或关键任务】

2.具体计划：

○【任务1】：【任务的具体内容和预期结果】

○【任务2】：【任务的具体内容和预期结果】

○【任务3】：【任务的具体内容和预期结果】

目标与展望

○ 短期目标：【短期内希望达成的工作目标】

○ 长期规划：【长期的职业发展规划或工作方向】

请根据您的实际情况填写上述模板，并确保内容的准确性和完整性。如果您需要进一步的帮助，例如在撰写具体内容时遇到困难，可以随时告诉我。

图2-25　Kimi的回答

相比于前一次生成的模板，在添加了更详细的要求后，模板的内容也相应地调整了。若你所在公司的要求有所不同，例如需要在周报中包含遇到的问题和改进意见等，只需根据具体要求相应地修改提示词中的相关内容即可。

2.5.3　步骤三：提供岗位和工作简述

最后，我们需向 AI 提供关于我们的工作岗位以及本周工作内容的简述。只有我们向 AI 提供了这些信息，它才能明确应围绕哪些工作内容进行描述，从而协助我们生成符合个人需求的工作周报。

在此部分，我们应尽量用简洁的语句全面列举本周的所有工作内容。若某项工作内容涉及关键性指标或数据，我们也应一并提供给 AI。相较于文字，数据更能直观地向领导展示工作的价值与实际效果。

以电商客服的工作为例，在描写工作内容简述时，可以写清楚完成了多少个售前问题的咨询、完成了多少个订单发货、处理了多少起纠纷和多少个售后问题等。提示词可以这么写：

> 请根据提供的工作内容简述，结合我的工作岗位，为我生成一篇详细的工作周报，要求将工作内容具体化并按顺序列出。此外，这份工作周报还应包含个人评估和反思、下周工作计划和目标，语言简洁明了、条理清晰。
>
> 工作岗位：电商客服
>
> 工作内容简述：处理售前问题（205 个），订单发货（113 个），处理纠纷（6 起），处理售后问题（18 个），编辑客户话术模板（3 个）。

根据我们提供的工作岗位和工作内容简述，AI 就能够知道我们从事的是什么工作、又具体做了哪些工作内容和成绩了。

Kimi 的回答如图 2-26 所示。

电商客服工作周报

一、本周工作内容

1.售前问题处理

- 本周共处理了205个售前问题，包括产品咨询、价格疑问、促销活动解释等。通过提供详尽的产品信息和解答客户疑问，成功引导客户完成购买流程。

2.订单发货管理

- 管理了113个订单的发货流程，确保了订单的及时处理和发货。与物流部门紧密合作，优化了发货流程，减少了发货错误。

3.纠纷处理

- 处理了6起客户纠纷，包括订单错误、物流问题等。通过耐心沟通和解决问题，最终使客户满意。

4.售后服务

- 处理了18个售后问题，涉及产品退换货、维修服务等。及时响应客户需求，提供满意的解决方案。

5.客户话术模板编辑

- 完成了3个客户话术模板的编辑工作，提高了客服团队的工作效率和服务质量。

二、个人评估与反思
○ 优点：在处理客户问题时，能够保持耐心和专业度，有效提升了客户满意度。
○ 不足：在高峰时段，客户咨询量较大，有时响应速度有待提高。
○ 改进措施：计划下周开始使用自动化工具来辅助处理常见问题，提高响应速度。
三、下周工作计划和目标
1.提高响应速度
○ 利用自动化工具，减少对常见问题的手动回复时间。
2.优化客户话术模板
○ 根据客户反馈，进一步优化话术模板，提高沟通效率。
3.加强团队协作
○ 加强与物流部门的沟通，确保订单处理的流畅性。
4.提升客户满意度
○ 通过定期培训，提升客服团队的服务意识和问题解决能力。
5.分析数据
○ 对本周的客户咨询数据进行分析，找出常见问题和客户需求，为产品改进提供参考。
四、总结
本周工作整体顺利，但客户咨询高峰时段的响应速度有待提升。下周计划通过技术手段和团队协作来优化工作流程、提高服务质量，以期达到更高的客户满意度。

图2-26 Kimi的回答

可以看到，生成的工作周报包含了本周工作内容、个人评估和反思、下周工作计划和目标、总结这四部分，符合我在提示词中添加的周报要求。

如果生成的内容不符合预期，可以通过对话让 AI 进行调整。

最后，还需要结合我们的实际工作情况，对 AI 输出的内容进行修改。AI 只是起到辅助作用，周报中还是需要体现我们自己对业务的思考。

本小节通过案例讲解了如何通过输入指令、添加要求、提供岗位和工作简述三个步骤，让 AI 协助完成周报总结。希望大家能将所学方法充分运用到实际工作中。

2.6 数据分析：AI做数据分析与生成可视化图表

在信息时代，数据处理是工作中不可或缺的一部分，包括数据整理、分析和呈现。许多人希望自己既精通业务又具备数据分析能力，但现实中很难实现。如今，借助 AI 的飞速发展，我们能够同时实现数据分析和业务洞察。AI 不仅能分析数据，还可以模拟专家的决策过程，提供业务建议。

本小节将为大家介绍如何利用 AI 进行数据分析和生成可视化图表。

2.6.1 AI 革新数据分析

众所周知，数据整理和分析是决策过程中至关重要的环节。通过数据，我们不仅能够洞察业务，还能预测未来。然而，在实际操作中，我们常常面临一些挑战：数据格式复杂，清洗和整理数据耗时耗力；数据公式和分析方法繁多，学习和纠错成本高；数据量庞大，难以迅速提取有价值的信息；数据难以解读，无法为决策提供有效支持。

如今，随着 AI 工具的高速发展，AI 为数据分析带来了革命性的变化，与传统数据分析相比，实现了质的飞跃。

传统数据分析和 AI 数据分析的差异如表 2-1 所示。

表2-1 传统数据分析和AI数据分析的差异

对比点	传统数据分析	AI数据分析
速度和效率	手动处理，耗时	自动化处理，快速
复杂性和准确性	难以处理复杂数据	擅长处理复杂数据
交互性和用户体验	可能需要技术知识	提供友好界面和自然语言处理
成本效益	可能需要更多人力资源	长期降低人力成本
实时分析和预测	更适合历史数据分析	实时分析数据流

总而言之，AI 数据分析提供了更快、更准确、更易于使用的解决方案，帮助我们更高效地处理数据。

2.6.2 智谱清言的数据分析智能体

（1）功能介绍

智谱清言是一款生成式 AI 助手，能够为用户提供智能化服务，包括解答问题和完成各种任务等。

进入主页后，可以在左侧功能导航栏清楚地看到它的数据分析功能。

智谱清言的数据分析有以下功能：

第一，数据导入和清洗：支持多种格式导入，提供强大数据清洗功能。

第二，数据探索和可视化：支持多种图表类型，轻松分析数据分布和趋势。

第三，数据建模和分析：提供线性回归等工具，支持复杂数据分析。

第四，结果解读和报告生成：快速解读结果，生成详细报告以支持决策。

从上述内容可以看出，智谱清言的数据分析功能基本覆盖了数据分析的全流程。借助这样全面而强大的助手，数据分析工作将变得更加高效。

接下来，我们将通过两个例子带大家学习如何运用智谱清言进行数据分析。

（2）案例 1：海量数据分析

在开始分析之前，我们需要做好以下准备工作：明确分析目的和目标，并准备好相关数据。

例如，我们经营一家淘宝店，以分析用户的购买行为为例，使用 5W2H 法进行简单分类，我们能够明确许多可供分析的数据。具体内容总结如图 2-27 所示。

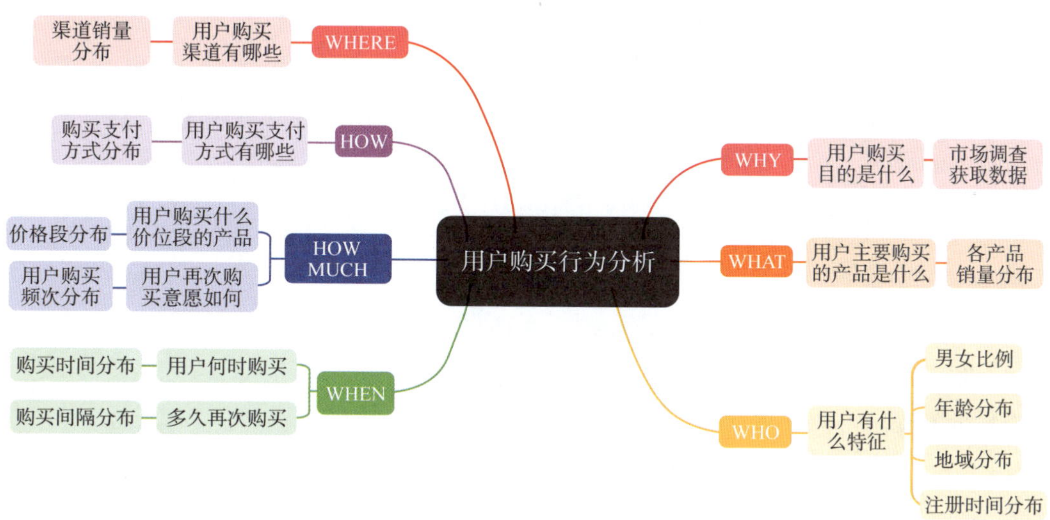

图2-27　思维导图

因此，明确分析目的和目标可以使数据分析更加聚焦和有效，同时帮助我们有针对性地找到对应数据，充分做好数据准备。

例如，有同学在运营淘宝店，想要分析免费流量和付费流量的数据，以及不同渠道的转化率。

因此，他需要准备的相关数据包括日期、流量来源、来源明细、访客数、下单买家数、下单金额和支付转化率等。

接下来，我们将向智谱清言的数据分析智能体提问。实际上，这个智能体是专门为数据分析而设计的，已经具备了数据清洗、分析和可视化图表等功能。因此，通常提示词中需要描述的角色和技能等内容可以省略。在这里，我们可以根据需要向其提供目标和工作流程。具体的提示词如下：

> # 目标：
> 理解用户的分析目标，根据用户的需求进行数据分析。

约束：

分析过程需要遵守数据隐私法规，确保分析结果的准确性和可靠性。

工作流程：

了解用户的分析目标和预期结果。

理解并探索数据集，识别数据特征和潜在问题。

进行数据清洗和预处理，确保数据质量。

应用统计和机器学习技术进行深入分析，并生成合适的可视化图表，使非相关者也能理解。

提供基于数据的见解和建议。

初始化：

欢迎来到数据分析专家服务。请分享您的数据集和分析目标，我们将一起探索数据的深层价值。

我们将该提示词发送给智谱清言，它会根据提示词给出一个回应，如图 2-28 所示。

欢迎来到数据分析专家服务!请上传您的数据文件，并简要描述您的分析目标和预期结果。我会帮助您进行数据探索、清洗、分析和可视化，以揭示数据中的深层价值和模式。如果您有任何特殊需求或问题，也请随时告知。让我们开始吧!

图2-28　智谱清言的回答

上传数据集，然后向其简单介绍一下这个数据集的背景，以及我们希望实现的分析目标：

上传的是淘宝店不同流量渠道的相关数据，我的分析目标是：

比较不同流量来源（如淘内免费、自主访问、付费流量）的流量占比。

计算并比较不同流量来源的销售额、转化率和支付转化率。

分析不同细分市场的表现，帮我识别表现最好和最差的细分市场，并探究原因。

分析结果如图 2-29 所示。

感谢您上传文件并提供分析目标。首先，我将加载并检查您提供的淘宝店铺流量数据，以了解数据的结构和内容。接下来，我将根据您的需求进行数据分析。

首先，我将加载数据并查看前几行。

代码生成

结果

	日期	流量来源	来源明细	访客数	支付买家数	支付金额	下单买家数	下单金额	下单转化率
0	2024-04-01	淘内免费	汇总	23702	327	26604.29	410	34563.39	0.0173
1	2024-04-01	淘内免费	搜索	8564	105	8869.59	120	10516.98	0.0140
2	2024-04-01	淘内免费	首页	7769	45	3825.77	52	4994.59	0.0067
3	2024-04-01	自主访问	汇总	5481	381	32451.31	463	40997.37	0.0845
4	2024-04-01	付费流量	汇总	4119	37	2891.45	43	3398.27	0.0104

	支付转化率	客单价	UV价值
0	0.0138	81.36	1.12
1	0.0123	84.47	1.04
2	0.0058	85.02	0.49
3	0.0695	85.17	5.92
4	0.0090	78.15	0.70

数据已成功加载。该数据集包含以下列：

- 日期：日期
- 流量来源：流量来源类型（如淘内免费、自主访问、付费流量）
- 来源明细：流量来源的详细分类
- 访客数：访问店铺的用户数量
- 支付买家数：完成支付的用户数量
- 支付金额：支付的总金额
- 下单买家数：下了订单的用户数量
- 下单金额：订单的总金额
- 下单转化率：下单买家数与访客数的比率
- 支付转化率：支付买家数与访客数的比率
- 客单价：平均每个支付买家的支付金额
- UV价值：每个访客的平均价值

接下来，我将根据您的分析目标进行数据处理和分析：

- 比较不同流量来源的流量占比。
- 计算并比较不同流量来源的销售额、转化率和支付转化率。
- 分析不同细分市场的表现，并识别表现最好和最差的细分市场。

首先，我将进行第一步分析：比较不同流量来源的流量占比。

代码生成...

结果

流量来源 付费流量 0.143522 淘内免费 0.713232 淘外网站 0.000039 自主访问 0.143208 Name：访客数，dtype：float64

图2-29

不同流量来源的流量占比如下：
· 付费流量：14.35%
· 淘内免费：71.32%
· 海外网站：0.004%
· 自主访问：14.32%
其次，我将进行第二步分析：计算并比较不同流量来源的销售额、转化率和支付转化率。

代码生成...

结果

	销售额	转化率	支付转化率

流量来源
付费流量 216002.69 0.009689 0.008729 淘内免费 1489024.43 0.014208 0.012849 淘外网站 0.00 0.000000 0.000000 自主访问 1709161.28 0.077334 0.069034

不同流量来源的销售额、转化率和支付转化率如下：

流量来源	销售额	转化率/%	支付转化率/%
付费流量	216002.69	0.969	0.873
淘内免费	1489024.43	1.421	1.285
淘外网站	0	0	0
自主访问	1709161.28	7.733	6.903

最后，我将进行第三步分析：分析不同细分市场的表现，并识别表现最好和最差的细分市场。

代码生成...

结果
（来源明细 访客数 支付金额 下单买家数 支付买家数 转化率 支付转化率 22 汇总 948421 1424149.06 18130 16259 0.019116 0.017143 38 购物车 62196 525952.64 6700 6099 0.107724 0.0980619 我的淘宝 81397 447111.78 5826 5039 0.071575 0.061906 24 淘内免费其他 65099 242059.05 30582898 0.046975 0.044517 15 搜索 231501 209409.17 2873 2619 0.012410 0.011313，来源明细 访客数 支付金额 下单买家数 支付买家数 转化率 支付转化率 0 Facebook.com 8 0.0 0 0 0 0.0 0.0 19 智钻 17 0.0 0 0 0 0.0 0.0 25 淘外网站其他 30 0.0 0 0 0 0.0 0.0 28 淘抢购 1 0.0 0 0 0 0.0 0.0 31 猫客其他店铺 1 0.0 0 0 0 0.0 0.0）

不同细分市场的表现如下：
表现最好的细分市场：
· 来源明细为“汇总”，支付金额为1424149.06元。
· 来源明细为“购物车”，支付金额为525952.64元。
· 来源明细为“我的淘宝”，支付金额为447111.78元。
· 来源明细为“淘内免费其他”，支付金额为242059.05元。
· 来源明细为“搜索”，支付金额为209409.17元。

表现最差的细分市场：
· 来源明细为“Facebook.com”，支付金额为0元。
· 来源明细为“智钻”，支付金额为0元。
· 来源明细为“淘外网站其他"，支付金额为0元。
· 来源明细为“淘抢购”，支付金额为0元。
· 来源明细为“猫客其他店铺”，支付金额为0元。

这些细分市场的表现差异可能由多种因素导致，包括市场定位、用户群体、推广策略等。您可以根据这些数据进一步深入分析，以优化您的营销策略和提升转化率。

图2-29 分析结果

可以看到，在这一步中，智谱清言首先加载并了解数据集的内容，然后根据我们提供的分析目标进行分析。值得注意的是，即使我们一次性提出多个问题，它也能够详细地给出分析结果。

除此之外，我们还可以让 AI 根据数据情况为我们提供一些建议。有时，AI 可能会洞察出我们尚未发现的数据关联，从而提供新的分析思路。

请根据数据集给出更多数据洞察。提供基于数据的见解和建议，帮助我作出更明智的业务决策。

数据洞察、见解和建议如图 2-30 所示。

根据您提供的数据集和分析结果，以下是一些数据洞察、见解和建议，以帮助您做出更明智的业务决策：

①流量来源分析：
- 淘内免费流量是最大的流量来源，占71.32%，其次是付费流量，占14.35%，而自主访问流量占14.32%。这表明您的店铺主要依赖于淘内免费流量和付费流量。
- 您可以考虑增加付费流量的投入，以进一步提升流量和销售。同时，探索更多免费的淘内流量优化策略，以保持和增加免费流量的占比。

②销售额和转化率：
- 在付费流量中，淘宝客和聚划算的转化率较高，分别为6.32%和20.00%。这表明这些渠道可能更有效地吸引了有意向购买的客户。
- 您可以考虑增加对淘宝客和聚划算的投入，并分析这些渠道的成功因素，以应用于其他渠道。

③细分市场表现：
- 在细分市场中，购物车、我的淘宝、淘内免费其他等来源明细的支付金额较高，说明这些细分市场表现较好。
- 对于表现较差的细分市场，如Facebook.com、智钻等，可以考虑减少投入或优化策略，以提高转化率。

④趋势分析：
- 通过分析不同时间段的访客数、支付买家数和支付金额的变化趋势，您可以识别出特定活动或事件对业务的影响。
- 例如，如果某个特定时间段内的访客数、支付买家数和支付金额突然增加，这可能是由某个促销活动或营销活动引起的。您可以利用这些信息来规划未来的营销活动。

图2-30

⑤优化建议：
- 增加对高转化率渠道的投入，如淘宝客和聚划算，并分析其成功因素，以优化其他渠道。
- 探索更多免费的淘内流量优化策略，以保持和增加免费流量的占比。
- 对于表现较差的细分市场，可以考虑减少投入或优化策略，以提高转化率。
- 利用趋势分析规划未来的营销活动，并评估不同活动的效果。

希望这些数据洞察、见解和建议能够帮助您做出更明智的业务决策。如果您有任何其他问题或需要进一步的分析，请随时告知。

图2-30　数据洞察、见解和建议

在这一步中不难看出，AI给出的整体优化建议是制订有针对性的营销策略，重点关注转化率和支付转化率等指标。

如果不清楚应该从哪些方面进行数据分析，可以向AI提问。例如：

请结合表格中的数据，给我一些数据分析思路。

数据分析思路如图2-31所示。

思考：

根据您提供的数据和分析目标，以下是一些数据分析思路：

①流量来源分析：
- 分析不同流量来源（如淘内免费、自主访问、付费流量）的访客数、支付买家数、支付金额等指标，以了解哪些来源带来了更多的流量和销售额。
- 使用饼图或条形图可视化不同流量来源的访客数和支付金额占比。

②转化率分析：
- 计算不同流量来源的下单转化率和支付转化率，以评估流量的质量和效果。
- 使用柱状图或折线图比较不同流量来源的转化率。

③细分市场分析：
- 根据来源明细（如搜索、首页、购物车等）分析不同细分市场的表现。
- 使用条形图或堆叠柱状图比较不同细分市场的销售额和转化率。

④时间趋势分析：
- 分析不同时间段（如日、周、月）的流量和销售趋势，以了解销售高峰和低谷。
- 使用折线图或面积图可视化时间趋势。

⑤用户行为分析：
- 分析访客的行为路径，如从哪个页面进入、浏览了哪些页面，最终是否下单等。
- 使用漏斗图或桑基图可视化用户行为路径。

⑥营销效果分析：
- 分析不同营销活动（如优惠券、限时折扣等）对流量的影响和销售的提升。
- 使用对比分析或前后测试评估营销活动的效果。

⑦竞品分析：
- 如果有竞品数据，可以进行竞品对比分析，了解自身在市场中的位置和竞争力。
- 使用条形图或雷达图比较竞品的关键指标。

图2-31　数据分析思路

（3）案例 2：推广预测分析

统计分析主要包括描述性分析和推断预测分析。

描述性分析用于描述数据的基本特征，如集中趋势和离散程度，其中标准差和方差反映数据波动。例如，销售额的高离散度意味着业务风险。此外，为了深入挖掘变量之间的关系并为模型和预测作准备，需要进行推断预测分析，包括预测和抽样分析，如图 2-32 所示。

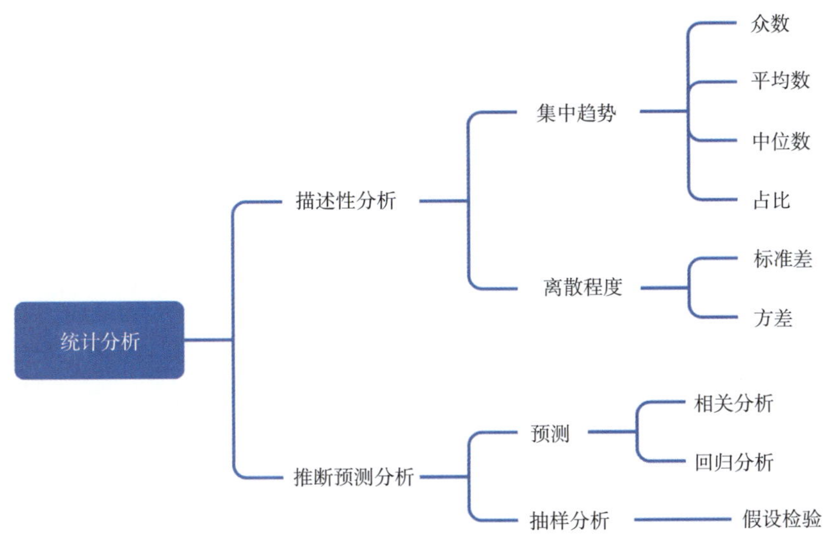

图2-32　统计分析

在没有 AI 的情况下，我们需要在 Excel 中使用一些相对复杂的统计函数，这些统计函数种类繁多，且需要设置的参数也比较复杂。

然而，现在我们不必再担心这些问题，只需向 AI 提问，即可轻松满足相应的统计分析需求。

例如，我们现有往年各季度的推广费用、其他费用以及付费流量产生的销售额，想判断公司付费流量的销售额增长是否与推广费用存在显著相关性。

首先，上传数据并向 AI 说明背景和目的。

> 这是公司各季度推广费用、其他费用以及付费流量产生的销售额，请帮我判断付费流量销售额和推广费用、其他费用的相关关系，并说明计算过程。

具体输入的内容如图 2-33 所示。

Date	推广费用	其他费用	付费流量销售额
2020/3/1	48453	10878	100187
2020/6/1	49164	11100	101307
2020/9/1	50683	12103	101654
2020/12/1	51721	11979	103013
2021/3/1	53465	12051	103057
2021/6/1	54329	11822	103738
2021/9/1	54966	12038	104998
2021/12/1	55451	11937	106020
2022/3/1	56550	11460	107022
2022/6/1	57764	12207	107670
2022/9/1	58550	12293	108870
2022/12/1	59933	12812	110128
2023/3/1	60739	12580	112557
2023/6/1	60657	12999	114157
2023/9/1	61453	12903	115908
2023/12/1	62663	12433	117630
2024/3/1	63358	13630	119362
2024/6/1	64093	13764	121246

这是公司各季度推广费用、其他费用以及付费流量产生的销售额，请帮我判断付费流量销售额和推广费用、其他费用的相关关系，并说明计算过程。

图2-33　输入的内容

计算过程与结果如图 2-34 所示。

要判断付费流量销售额与推广费用、其他费用的相关关系，我们可以使用皮尔逊相关系数（Pearson Correlation Coefficient）。这个系数可以衡量两个变量之间的线性相关程度，其值范围从-1到1。接近1表示强正相关，接近-1表示强负相关，而接近0则表示没有明显的线性关系。

首先，我将计算付费流量销售额与推广费用之间的相关系数，然后计算与其他费用之间的相关系数。这将帮助我们了解付费流量销售额与这两类费用之间的关系强度和方向。

接下来，我将使用Python进行这些计算。

代码生成...

python 复制

```
inport pandas as pd
import numpy as np

# 创建数据
data = {
 "推广费用": [48453, 49164, 50683, 51721, 53465, 54329, 54966, 55451, 56550, 57764, 58550, 59933, 60739, 60657, 61453, 62663, 63358, 64093]
 "其他费用": [10878, 11100, 12103, 11979, 12051, 11822, 12038, 11937, 11460, 12207, 12293, 12812, 12580, 12999, 12903, 12433, 13630, 13764]
 "付费流量销售额": [100187, 101307, 101654, 103013, 103057, 103738, 104998, 106020, 107022, 107670, 108870, 110128, 112557, 114157, 115908, 117630, 119362, 121246]
}

# 转换为DataFrame
df = pd.DataFrame(data)

# 计算相关系数
推广费用相关系数 = df["付费流量销售额"].corr(df["推广费用"])
其他费用相关系数 = df["付费流量销售额"].corr(df["其他费用"])

推广费用相关系数, 其他费用相关系数
```

结果
(0.9598915047180865,0.877408446901937)

付费流量销售额与推广费用之间的相关系数为0.96，与其他费用之间的相关系数为0.88。这两个值都接近1，表明付费流量销售额与推广费用、其他费用之间存在很强的正相关关系。这意味着随着推广费用和其他费用的增加，付费流量销售额也相应增加。

图2-34 计算过程与结果

如果想要获取更详细的分析报告，可以这样向 AI 提问：

请提供更详细的分析报告。

更详细的分析报告如图 2-35 所示。

为了提供更详细的分析报告，我将从以下几个方面展开：

①**数据概述**：首先，我将提供关于数据的基本统计信息，包括推广费用、其他费用和付费流量销售额的平均值、中位数、标准差等。

②**相关性分析**：除了之前计算的相关系数，我还会提供更详细的相关性分析，包括散点图和线性回归线，以直观展示付费流量销售额与推广费用、其他费用之间的关系。

③**趋势分析**：通过绘制时间序列图，分析推广费用、其他费用和付费流量销售额随时间的变化趋势。

④**性能指标**：计算一些关键的营销性能指标，如营销ROI（投资回报率）和CPA（每次获取客户的成本），以评估营销活动的效率。

现在，我将开始进行这些分析。首先，我将提供数据的基本统计信息。

代码生成...

结果

推广费用　　　　其他费用　　　　付费流量销售额

count 18.000000 18.000000 18.000000 mean 56888.444444 12277.166667 108806.888889 std 4772.304361 742.457799 6410.246293 min 48453.000000 10878.000000 100187.000000 25% 53681.000000 11947.500000 103227.250000 50% 57157.000000 12155.000000 107346.000000 75% 60718.500000 12754.000000 113757.000000 max 64093.000000 13764.000000 121246.000000

以下是推广费用，其他费用和付费流量销售额的基本统计数据：

- 推广费用：
  - 平均值：56888.44
  - 标准差：4772.30
  - 最小值：48453
  - 最大值：64093
- 其他费用：
  - 平均值：12277.17
  - 标准差：742.46
  - 最小值：10878
  - 最大值：13764
- 付费流量销售额：
  - 平均值：108806.89
  - 标准差：6410.25
  - 最小值：100187
  - 最大值：121246

接下来，我将进行相关性分析，并绘制散点图和线性回归线，以直观展示付费流量销售额与推广费用、其他费用之间的关系。

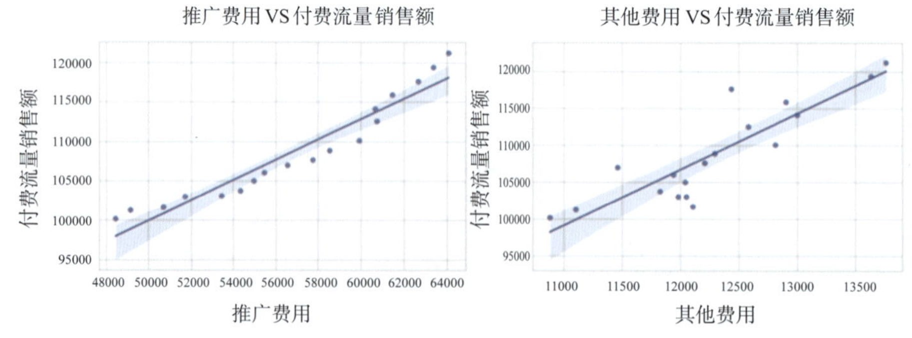

如上图所示，我们可以看到付费流量销售额与推广费用、其他费用之间的散点图和线性回归线。这些图清晰地展示了以下特点：

①**推广费用与付费流量销售额：**随着推广费用的增加，付费流量销售额也呈现出明显的上升趋势。这表明增加推广费用可以有效提高付费流量销售额。

②**其他费用与付费流量销售额：**其他费用与付费流量销售额之间也存在正相关关系，尽管这种关系不如推广费用与销售额之间的关系明显。

接下来，我将进行趋势分析，通过绘制时间序列图展示推广费用、其他费用和付费流量销售额随时间变化的趋势。

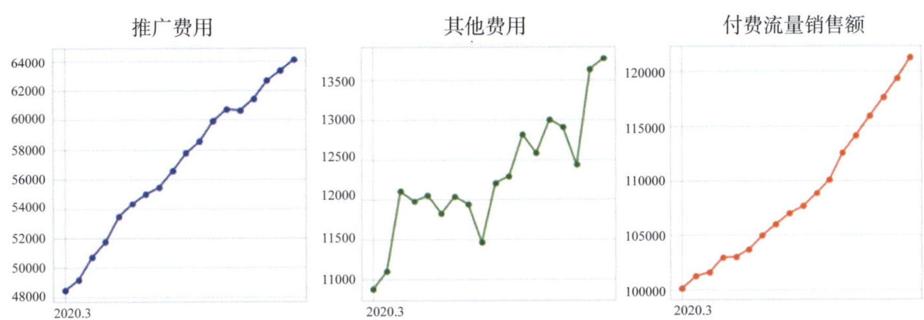

如上图所示，我们可以看到推广费用、其他费用和付费流量销售额随时间变化的趋势。

①**推广费用：**推广费用呈现逐年上升的趋势，表明公司在这段时间内增加了推广投入。

②**其他费用：**其他费用也呈现增加的趋势，但增加幅度相对较小。

③**付费流量销售额：**付费流量销售额同样呈现逐年增长的趋势，且增长幅度大于推广费用和其他费用的增长。

接下来，我将计算一些关键的营销性能指标，如营销ROI（投资回报率）和CPA（每次获取客户的成本），以评估营销活动的效率。

代码生成...

结果

（0 0.688611 1 0.681053 2 0.619055 3 0.617159 4 0.573005 5 0.568200 6 0.567041 7 0.573277 8 0.573622 9 0.538780 10 0.536779 11 0.513891 12 0.535168 13 0.549867 14 0.558825 15 0.566395 16 0.550397 17 0.557291 dtype：float64,0 48453.108577 1 49164.109568 2 50683.119061 3 51721.116286 4 53465.116935 5 54329.113960 6 54966.114650 7 55451.112592 8 56550.107081 9 57764.113374 10 58550.112914 11 59933.116337 12 60739.111766 13 60657.113869 14 61453.111321 15 62663.105696 16 63358.114190 17 64093.113521 dtype：float64）

根据计算结果，我们可以看到：

①**营销ROI（投资回报率）：**这个指标衡量了每单位营销投资所获得的回报。在这个案例中，ROI值介于0.51和0.69之间，表明营销投资的整体回报率是正的，但并不是非常高。这意味着每增加一单位的营销费用，获得的回报相对较小。

②**CPA（每次获取客户的成本）：**这个指标衡量了获取每个客户所需的平均成本。CPA的值随着时间而变化，反映了不同时间点获取客户的成本。

综合来看，这些指标表明公司在营销活动上投入了一定的成本，并且这些活动带来了正向的回报，但回报率并不是特别高。这意味着公司可能需要考虑优化其营销策略，以提高ROI和降低CPA。

图2-35　更详细的分析报告

在这步中，它还进行了成本效益分析。通过 AI 的分析，我们就能根据预算费用做出一个基本的销售额预测，从而制定出一个较为合理的销售额目标。

（4）注意事项

如果你的业务需要处理较为复杂的数据，可以尝试使用智谱清言。它可以随时进行对话，相当于一个 24 小时待命的全能分析助手，会让你的工作更加轻松。

但是，如果你要分析的数据比较敏感或需要保密，请在上传到智谱清言之前，确保已对数据进行了脱敏处理。

本小节介绍了智谱清言的详细用法，希望大家在了解这个数据分析工具后，能够熟练掌握并有效运用于实际工作中。

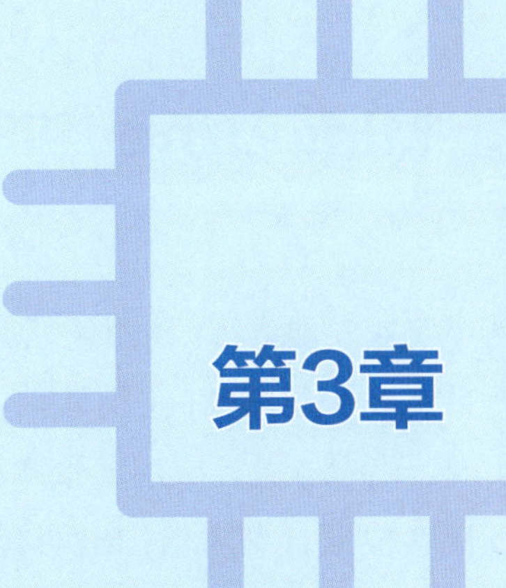

第3章

AI绘图设计实战：实现人工智能与设计的完美融合

3.1 Midjourney和Stable Diffusion有什么区别

在当今飞速发展的AI绘图领域，选择合适的工具对创作者至关重要。本节将详细探讨两款备受关注的AI绘图软件：Midjourney和Stable Diffusion。通过比较它们的技术实现、用户体验、应用场景和成本，我们将揭示它们在实际应用中的优势与不足，帮助读者根据自身需求作出明智的选择。无论您是艺术家、设计师还是普通用户，本节提供的深入分析和实用建议，将为您的创作之旅提供有力支持。

3.1.1 创意大师：Midjourney

Midjourney开发团队由一群对AI和图像处理技术有深入了解的专家组成，包括计算机科学家、艺术家和设计师。他们的目标是用AI技术简化创作过程，使更多人能够享受到高质量图像生成的乐趣和便利。

Midjourney的核心技术基于生成式对抗网络（Generative Adversarial Networks，GANs）。GANs通过两个神经网络的相互竞争（及对抗训练）生成逼真的图像：生成器（Generator）负责生成图像，判别器（Discriminator）则负责区分这些图像是真实的还是生成的。在训练过程中，生成器不断尝试生成更逼真的图像以欺骗判别器，而判别器则不断提高自己的辨别能力，这种动态的、相互对抗的训练机制使生成器能够生成越来越逼真的图像。

Midjourney注重用户体验，其界面设计简洁友好，使即使没有技术背景的用户也能轻松上手。用户可以通过简单的操作生成高质量的图像，无须复杂的设置和调参。Midjourney提供了多种预设选项和模板，用户可以根据自己的需求选择合适的选项快速生成所需的图像。

3.1.2 精准实战：Stable Diffusion

Stable Diffusion由Stability AI开发，是一款开源的AI绘图工具。Stability AI是一家专注于AI研究和开发的公司，团队成员包括许多在AI和深度学习领域有着丰富经验的研究人员和工程师，他们致力于通过创新技术提供高质量的图像生成和编辑工具。

Stable Diffusion使用的是扩散模型，这是一种通过逐步添加噪声并逆过程去除噪声生成图像的技术。具体来说，扩散模型通过在图像上逐步添加噪声，使其变得模糊，然后通过反向过程逐步去除噪声，恢复到原始图像。这种方法使生成的图像具有极高的逼真度。

Stable Diffusion 功能强大，在用户体验方面同样做得非常出色，其界面设计简洁直观，用户可以通过简单的操作生成和编辑图像（图 3-1）。Stable Diffusion 提供了多种预设选项和模板，用户可以根据自己的需求选择合适的选项快速生成所需的图像。

对高级用户和开发者而言，Stable Diffusion 还提供了丰富的自定义选项和高级功能。有技术背景的用户，可以通过修改模型参数、调整生成过程和使用自定义数据集生成特定风格和内容的图像，来进行深度创作。

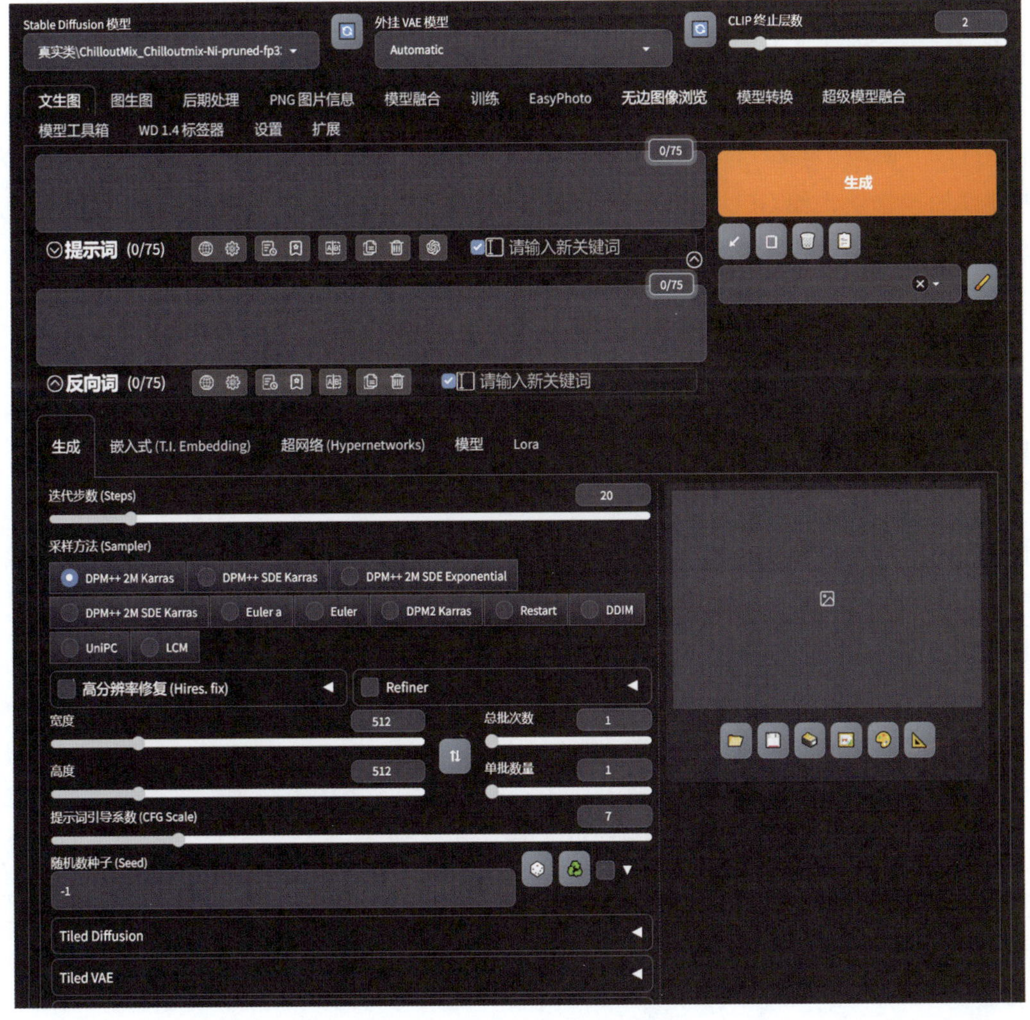

图3-1　Stable Diffusion界面

Stable Diffusion 的应用场景广泛，包括但不限于以下几个方面：

专业艺术创作：艺术家可以使用 Stable Diffusion 生成高质量的艺术作品，探索新的创作形式和风格。

图像修复和增强：Stable Diffusion 可以用于图像修复和增强，如恢复旧照片、提高图像分辨率等。

广告设计和商业应用：广告设计师和商业用户可以使用 Stable Diffusion 生成高质量的广告图像和宣传材料。

科研和教育：Stable Diffusion 可以用于科研和教育领域，帮助研究人员和学生进行图像生成和处理的研究和学习。

Stable Diffusion 作为开源软件，其源代码和模型参数全部公开，用户可以自由访问和修改。开源的特点使 Stable Diffusion 拥有一系列社区和资源网站，用户可以找到丰富的资源和技术支持。

Stable Diffusion 的可扩展性也同样非常优秀。通过模块化设计和丰富的插件支持，用户可以方便地扩展和自定义 Stable Diffusion 的功能。此外，Stable Diffusion 支持多种硬件加速选项，如 GPU 加速，使图像生成和处理更加高效。用户可以根据自己的需求和资源选择合适的本地硬件配置，以优化图像生成的速度和质量。

3.1.3 Midjourney 和 Stable Diffusion 的区别

从易用性来看，Midjourney 以其直观的用户界面和简便的操作流程而著称。它提供了大量的预设选项，使用户可以快速生成所需的图像，无须深入了解技术细节。

Stable Diffusion 则更适合那些对图像生成有较高要求且具备一定技术背景的用户。虽然 Stable Diffusion 也提供了简洁的界面和易于使用的功能，但其高级功能和自定义选项更多，适合那些希望通过调整模型参数和生成过程来实现特定效果的用户。

在图像质量方面，Midjourney 和 Stable Diffusion 各有优势。Midjourney 通过 GANs 生成的图像具有较高的创意性和艺术性，适合用于创意插画、漫画制作和艺术创作等领域。其生成的图像往往色彩鲜艳、风格多样，能够激发用户的创作灵感。

Stable Diffusion 则以其高度的细节和逼真度著称（图 3-2）。通过扩散模型生成的图像在纹理和细节表现上非常出色，适合用于专业艺术创作、图像修复和增强等领域。对于那些需要高质量、高细节图像的用户来说，Stable Diffusion 是一个非常强大的工具。

图3-2　Stable Diffusion生成的图像

在成本方面，Midjourney 和 Stable Diffusion 也有所不同。Midjourney 是一款闭源软件，其核心功能需要付费订阅才能使用。虽然 Midjourney 提供了免费试用选项，但对于需要长期使用或频繁使用的用户来说，订阅费用可能是一笔不小的开支。

Stable Diffusion 则是完全开源的，用户可以免费使用其所有功能。开源的特性使 Stable Diffusion 在开发者社区中非常受欢迎，用户可以自由访问和修改源代码，按照自己的需求进行定制和扩展。对那些希望低成本或无成本使用 AI 绘图工具的用户来说，Stable Diffusion 无疑是一个更具吸引力的选择。

阅读上述内容，你知道 Midjourney 和 Stable Diffusion 有哪些区别了吧！简单来说，Midjourney 和 Stable Diffusion 是绘画界的苹果系统和安卓系统（图 3-3）。苹果系统给我们的感受是智能、简洁、优美，交互简单直接，学习成本低，封闭安全的生态环境。安卓系统给我们的感受是开源，丰富，功能多，使用率高，但稳定性和兼容性偏弱。

图3-3　Midjourney和Stable Diffusion的区别

Midjourney 就像是苹果系统（图 3-4），它的优点是省心，操作简单，审美在线，随便输入一些简单的描述词都能产出不错的作品。为什么 Midjourney 能在描述不清晰的情况下也能产出好看的作品？

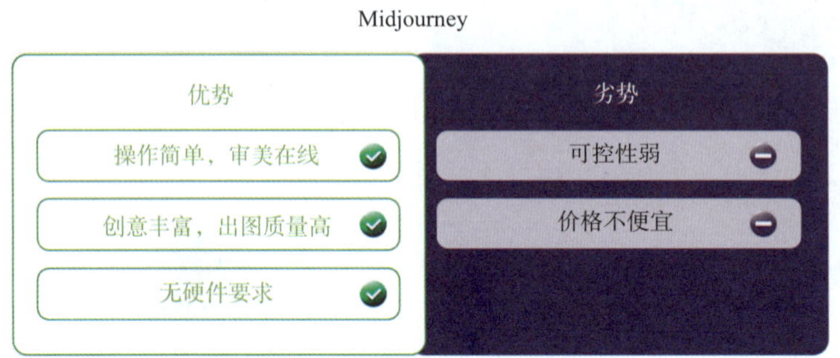

图3-4 Midjourney的优势和劣势

这是因为 Midjourney 官方喂养了海量的模型，并做了极致的优化。在关键词不足的时候，Midjourney 会在背后合理地补充很多关键词，以高水平地生成作品。而且 Midjourney 没有硬件要求，通过网页就可以轻松操作，因此对新手来说，其是很好的选择。

但对于想进行商业应用的人群来说，Midjourney 存在很大的硬伤。

首先，可控性弱，虽然 Midjourney 的 V6 现在有 sref、cref 和局部重绘功能，但是依然难以做到“指哪打哪”。其次，除了可控性弱，它还存在商业安全性问题。除非用户是 Pro 版会员，否则生成的图片都能在 Midjourney 的画廊上被公开，这在某些商用项目中就不太安全。还有就是价格不太便宜，哪怕是最低配的会员也要 30 美元一个月。

而 Stable Diffusion 就像安卓系统，它的优点是可控性强，功能丰富，上限很高（图 3-5）。

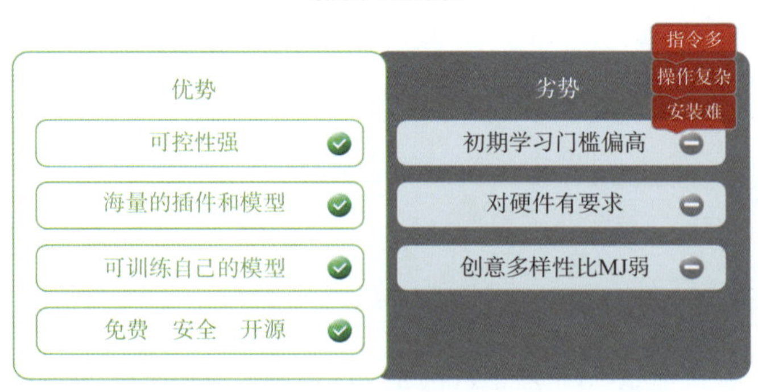

图3-5 Stable Diffusion的优势和劣势

首先，可控性强，其直接补足了 Midjourney 的短板。其次，得益于开源后网友们的共创，产出了海量的插件和模型，用户可以免费使用，而且随着 Stable Diffusion 用户越来越多，后续不断会有新的模型、插件出现，功能越来越丰富。还有非常重要的一点是用户还可以训练自己的模型，去满足自己的特定需求，对想要商业应用的人群来说，这会比 Midjourney 更方便。最后，它还可以本地自主部署，这样人们就可以用自己的电脑无限免费 AI 生图，作品也就只有自己能看到，安全性和隐私性有保障。

当然，Stable Diffusion 也有自己的缺点：

第一，初期学习门槛偏高。因为功能属性多，要学习的内容也相对更多，加上各种版本以及第三方插件对稳定性和兼容性有一定影响，所以学习和使用中都容易遇到各种坎坷。

第二，对硬件要求高。本地部署对设备的硬件都有要求，否则出图速度慢，还只能生成小图，所以变相来说，硬件费用也是一笔不小的开支；而云端部署容易受网络稳定性影响，想要获得更好的体验，也需要充值。

第三，对新手来说，创意多样性方面偏弱。Midjourney 是官方调校的庞大模型群组，任何风格都有一个交互端口，可提供海量的创意灵感。而 Stable Diffusion 依靠用户手动挂载不同的模型。模型不同，同一套关键词出来的结果也不同，所以其在创意方面相对来说会偏弱。如果想要一些特定的效果，需要用户训练对应的模型。

3.1.4　什么人适合学习 Stable Diffusion

Stable Diffusion 虽然功能强大，但对初学者和没有技术背景的用户来说，学习和掌握 Stable Diffusion 可能会面临一些挑战。用户需要了解一些基本的 AI 和机器学习概念，理解它们在实际操作中的应用，及其需要在特定的软件环境中运行，此外还需要安装和配置一些必要的依赖软件和库。对没有编程经验的用户来说，这个过程可能比较复杂和困难。Stable Diffusion 对硬件也有一定要求，尤其是在处理大规模图像生成任务时，GPU 加速是非常重要的，用户需要了解和选择合适的硬件配置，以确保模型能够高效运行。以下是几类非常适合学习和使用 Stable Diffusion 的用户：

专业艺术家和设计师：对那些在艺术创作和设计领域有专业背景的用户来说，Stable Diffusion 提供了一个强大的工具来实现他们的创意。通过使用扩散模型和高级图像处理技术，艺术家和设计师可以生成高质量、高细节的图像，探索新的创作形式和风格。

技术爱好者和开发者：Stable Diffusion 作为开源软件，对技术爱好者和开发者非常友好。那些对 AI 和深度学习有兴趣的用户可以通过学习和使用 Stable Diffusion，深入了解扩散模型的原理和应用。开发者还可以通过修改和扩展源代码，创建符合自己需求的定制化功能。

科研人员和学生：在科研和教育领域，Stable Diffusion 同样有着广泛的应用。科研人员可以使用 Stable Diffusion 进行图像生成和处理的研究，探索新的算法和技术。学生则可以通过学习 Stable Diffusion，掌握 AI 和图像处理的基本原理和技能，为未来的职业发展打下坚实的基础。

商业用户：对在广告设计、商业应用等领域有需求的用户来说，Stable Diffusion 提供了一个高效、低成本的解决方案。通过使用 Stable Diffusion，商业用户可以生成高质量的广告图像和宣传材料，满足各种商业需求。

3.2 进一步认识Stable Diffusion

3.2.1 什么配置可以安装 Stable Diffusion

在安装和使用 Stable Diffusion 时，你的计算机需要具备一定的硬件和软件配置，以确保其高效性和稳定性。以下将详细介绍安装 Stable Diffusion 所需的最低配置和推荐配置。

（1）操作系统

Stable Diffusion 支持多种操作系统，包括 Windows 10 及以上版本，以及 MacOS 10.15，选择一个稳定且更新频繁的操作系统有助于兼容性和性能的提升。

（2）处理器（CPU）

Stable Diffusion 对 CPU 的要求相对宽松，但建议使用支持 AVX 指令集的 64 位处理器。现代的 Intel 或 AMD 处理器通常符合这一要求。高性能的 CPU 可以在某些情况下提供更快的计算速度，但 GPU 的性能更为关键。

（3）图形处理器（GPU）

GPU 是运行 Stable Diffusion 的核心组件。建议优先选英伟达（NVIDIA），并且显存至少为 8GB。显存越高，性能和稳定性越好，尤其是在处理高分辨率图像时。推荐使用 RTX3060Ti 及同等性能显卡或更高版本，以充分利用 GPU 的计算能力。

（4）内存（RAM）

系统内存是另一个重要因素。至少需要 16GB 的内存，更多的内存（如 32GB 或以上）可以在处理大型图像或多任务时提供更好的性能。充足的内存可以防止系统过早使用虚拟内存，保持高效的计算速度。

（5）存储空间

固态硬盘（SSD）是必不可少的，建议 100 ～ 150GB 的可用硬盘存储空间。SSD 提供的高读写速度可以显著缩短数据加载和保存的时间，提升整体性能。

具体来说，Windows 电脑推荐配置如下：

①操作系统无硬性要求。

② CPU 无硬性要求，建议和显卡配置同等级。

③显卡 RTX3060Ti 及以上。

④显存 ≥8GB。

⑤内存 ≥16GB。

⑥硬盘空间 150 ～ 200GB 可用空间（建议固态硬盘）。

⑦系统要求 Windows 10、Windows 11。

在此配置条件下，10 ～ 30 秒可生成一张图，分辨率 1024 像素 ×1024 像素。

3.2.2　常见的 Stable Diffusion 的专业术语

Stable Diffusion 是一个强大的图像生成模型，用户在使用和研究过程中会遇到许多专业术语。了解这些专业术语有助于更好地理解和操作该模型。

（1）生成模型（Generative Model）

生成模型是一种机器学习模型，旨在生成与训练数据相似的新数据。Stable Diffusion 作为生成模型，通过学习数据的分布，能够生成高质量的图像。

（2）噪声（Noise）

在 Stable Diffusion 中，噪声是随机生成的输入，经过模型处理后逐步演变为清晰的图像。噪声的初始状态通常是高斯分布的随机数。

（3）扩散过程（Diffusion Process）

扩散过程是 Stable Diffusion 模型的核心。该过程通过逐步移除噪声，将随机输入转变为有意义的图像。扩散过程包含多个步骤，每一步都应用一个神经网络来减少噪声。

（4）潜在空间（Latent Space）

潜在空间是一个高维空间，其中每个点代表一个可能的图像。Stable Diffusion 通过在潜在空间中进行操作，生成不同的图像。潜在空间的结构和特性直接影响生成图像的质量和多样性。

（5）模型参数（Model Parameters）

模型参数是 Stable Diffusion 中的可调变量，通过训练过程进行优化。这些参数决定了模型如何将输入噪声转换为最终图像。模型参数的数量和复杂性直接影响模型的性能和计算需求。

（6）训练数据（Training Data）

训练数据是用于训练 Stable Diffusion 模型的图像数据集。模型通过学习这些数据的特征和分布掌握生成新图像的能力。训练数据的质量和多样性对模型的最终表现有重要影响。

（7）超参数（Hyperparameters）

超参数是训练过程中的配置参数，如学习率、批量大小和扩散步数等。与模型参数不同，超参数在训练开始前设置，优化这些参数可以显著提高模型的性能和稳定性。

（8）统一计算设备架构（Compute Unified Device Architecture, CUDA）

CUDA 是 NVIDIA 提供的并行计算平台和编程模型，允许开发者利用 GPU 进行高性能计算。Stable Diffusion 依赖 CUDA 加速图像生成过程，大大提高了计算效率。

（9）虚拟环境（Virtual Environment）

虚拟环境是 Python 中的隔离环境，用于管理不同项目的依赖关系。创建虚拟环境可以避免依赖冲突，确保 Stable Diffusion 的各个组件能够正常运行。

（10）Checkpoint 大模型

也称大模型、底模型或者主模型，可以理解为 AI 绘图的基础数据库，是使用大量的数据训练出来的。一般文件比较大，2G 以上，ckpt、safetensors 存放路径：models\Stable-diffusion。

（11）变分自编码器（Variational Autoencoder，VAE）

作用可以理解为滤镜 + 微调，有的大模型有对应的 VAE，没有的也可以选择使用常用的 vae-ft-mse-840000-ema-pruned.safetensors，作用就是让图片看起来不那么灰蒙蒙的，会更加鲜艳。

（12）大语言模型的低阶适应（Low-Rank Adaptation of Large Language Models, LoRA）

这是微软的研究人员为了解决大语言模型微调而开发的一项技术。LoRA 的作用是可以让结果倾向于一种风格，比如电商设计风格（图 3-6）。

图3-6 电商设计风格的LoRA

（13）Embedding

可以理解为把大量的提示词（prompt、tag）打包在一起，把它理解为提示词合集也行，所以文件很小。和 LoRA 有点类似，比如使用公主风格的 Embedding 可以使结果趋向于一个公主的风格（图 3-7）。

图3-7 Embedding操作界面

（14）ControlNet

Stable Diffusion 中的一款很重要的插件，有了它可以让 Stable Diffusion 更精确地控制生成的结果（图 3-8）。

3.2.3 常见的 Stable Diffusion 的参数

（1）迭代步数（Steps）

图像扩散的步数（图 3-9），即需要经过几次迭代来生成图像，也可以理解为 AI 绘画的笔数，图片的细节和完善度，但并不是迭代步数越多越好，迭代次数过多可能会导致画面质量下降，以下展示的图片分别采用了不同的迭代步数（图 3-10），从第 10 步开始，画面已经初见成型，后续就是对画面细节进行不断的迭代完善，在 40 步

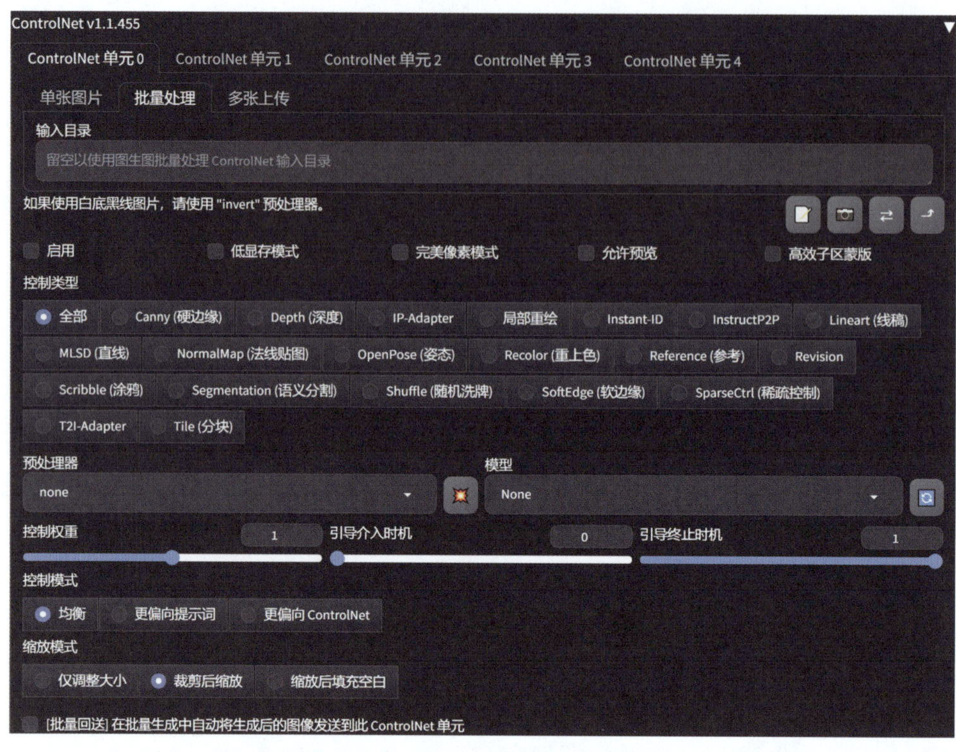

图3-8　ControlNet操作界面

图3-9　迭代步数设定界面

图3-10　采用不同迭代步数生成的图片

以后，可见画面不再产生大的变化，主要体现在细节上。推荐迭代步数在 20 ～ 40 这个区间内，如果图面构成复杂或者需要对细节进行深入刻画，可以适当拉高迭代步数，具体需要根据采样器确定。

（2）采样方法（Sampling method）

生成图片所采用的方式，常用采样推荐 Euler a/Euler/DPM2/DDIM/DPM ++ 2S a Karras（二次元常用）/DPM++ 2M Karras（二次元常用）/DPM++ SDE Karras（真人常用），这些采样方法在生成速度和质量方面都有较好的表现（图 3-11）。

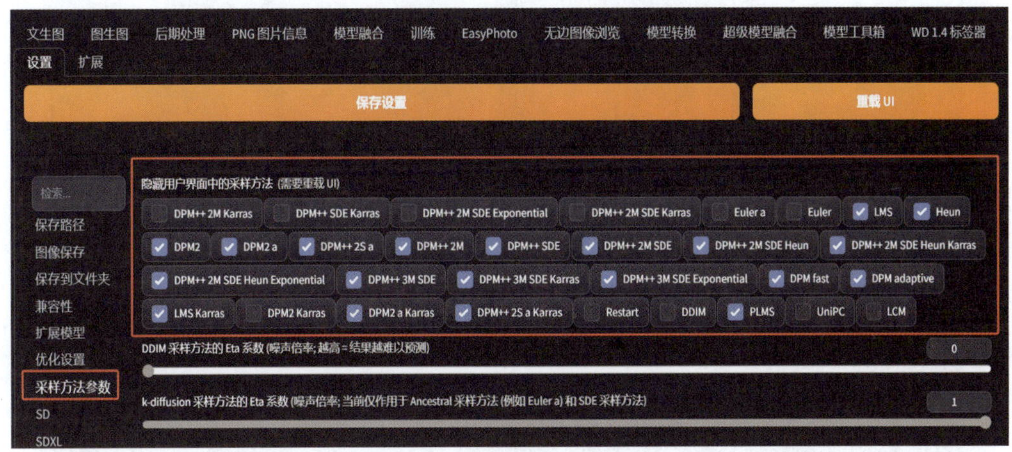

图3-11 采样方法设定界面

（3）CLIP 终止层数

终止层（图 3-12）可以在 1 ～ 12 的范围内选择数值，数值越高，AI 跳过的分析运算过程就越多，对提示词的理解程度就越差，其自主创意就越多。其在安全数值范围（2 ～ 4）时，AI 可以在准确理解提示词的基础上适当提供惊喜的呈现。

图3-12 CLIP终止层数设定界面

提示词：1 个女孩，红色长发，蓝色眼睛，帽子，黑色夹克（图 3-13）

（4）宽度 / 高度

可以通过修改数值来改变图片的形状和大小，其指定了生成图片的分辨率。同样参数条件下，改变宽度 / 高度设置会导致画面构图发生较大的变化（图 3-14、图 3-15）。

图3-13　不同终止层数生成的图片

图3-14　宽度/高度设定界面

图3-15　不同宽度生成的图片

（5）总批次数 / 单批数量

控制每次出图的数量，如想一次性得 4 张图，可以分 4 批生成，也可以 1 批生成 4

张（图 3-16、图 3-17）。建议显存紧张的情况设置每批只生成 1 张图片，分多批生成。

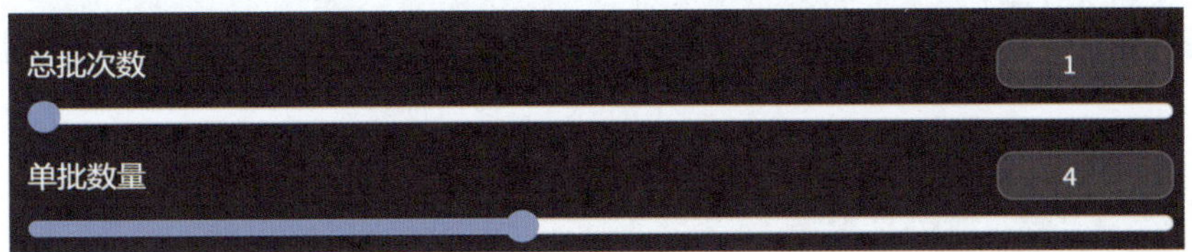

图3-16　总批次数/单批数量设定界面

图3-17　1批生成的4张图片

（6）提示词引导系数（CFG Scale）

其影响的是输入提示词的权重。如果数值太小，AI 就会自由发挥，而数值太大，画面会出现锐化和线条变粗的效果（图 3-18、图 3-19），因此推荐常规数值 7 ～ 15。

图3-18　提示词引导系数设定界面

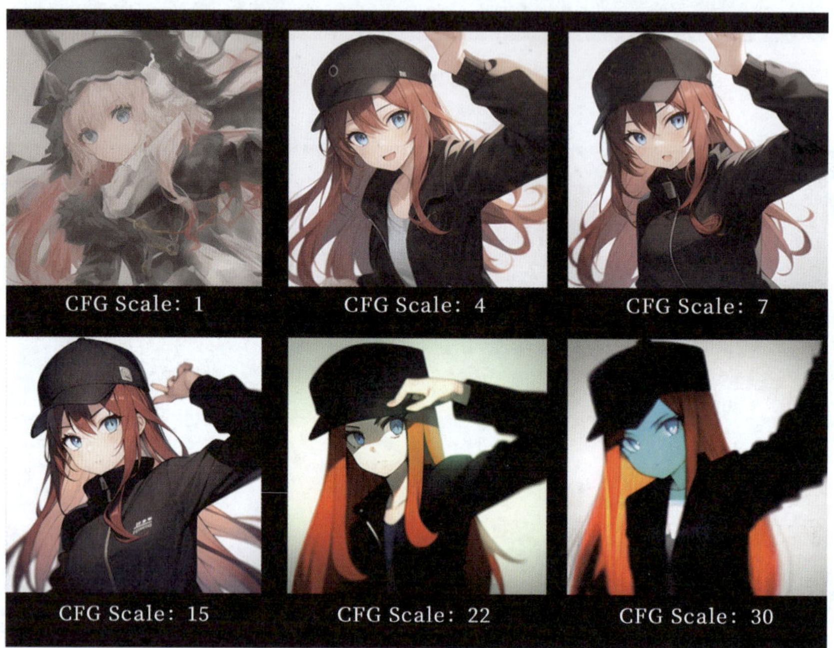

图3-19　不同提示词引导系数生成的图片

（7）随机数种子（Seed）

生成图片随机性的源头，每个种子会生成不同的画面，默认数值 -1 代表每次随机选取种子生成图片。点击绿色三角图标（图 3-20），重现上一张图片使用的种子编号；点击骰子图标（图 3-21），可以将种子重新设置为 -1。

图3-20　随机数种子绿色三角图标

图3-21　随机数种子骰子图标

（8）变异随机种子

在随机数种子框内输入图片种子编号，点击勾选图标（图 3-22），出现变异随机种子（图 3-23），它的作用是将两个种子的画面进行融合。

图3-22 变异随机种子勾选图标

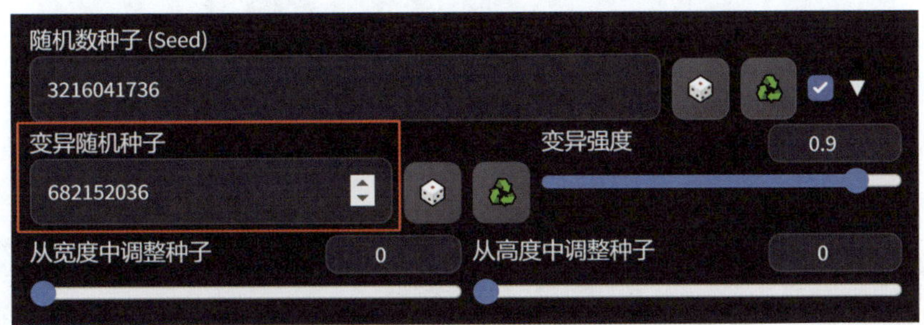

图3-23 变异随机种子显示区域

（9）变异强度

变异强度可以在 0 ～ 1 的范围内设定，变异强度越高，融合后的画面越接近变异种子；变异强度越低，融合后的画面越接近原来的随机种子（图 3-24、图 3-25）。

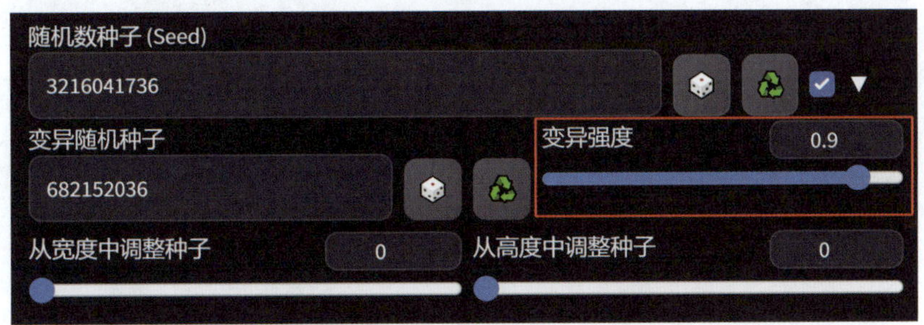

图3-24 变异强度设定界面

（10）面部修复

勾选后对真人五官的细节有优化效果，对二次元角色没有作用，同时也比较吃显存（图 3-26、图 3-27）。

图3-25 不同变异强度生成的图片

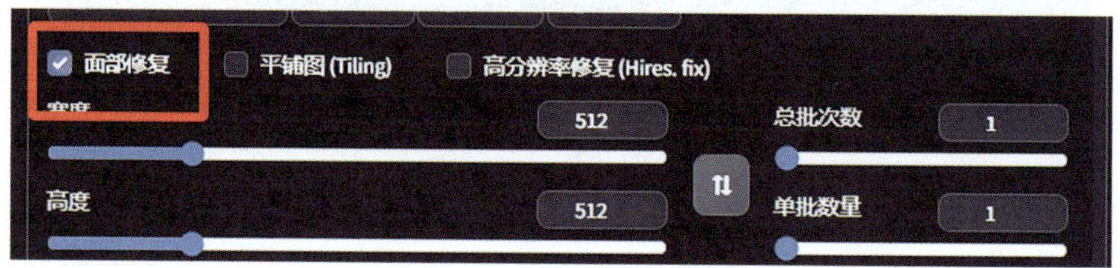

图3-26 面部修复设定界面

图3-27 有无面部修复图片对比

（11）调度类型（Schedule type）

调度类型通常与采样方法关联使用，它负责控制采样过程中每一步的噪声水平，也就是所谓的噪声（Noise）。调度类型决定了在生成图像的每一步中减少多少噪声，从而影响采样过程的速度和最终图像的清晰度。在选择好采样方法后，如果选择了Automatic，那么Stable Diffusion会根据采样器自动调取最合适的调度器。所以对于新手来说，选择Automatic就好了（图3-28）。

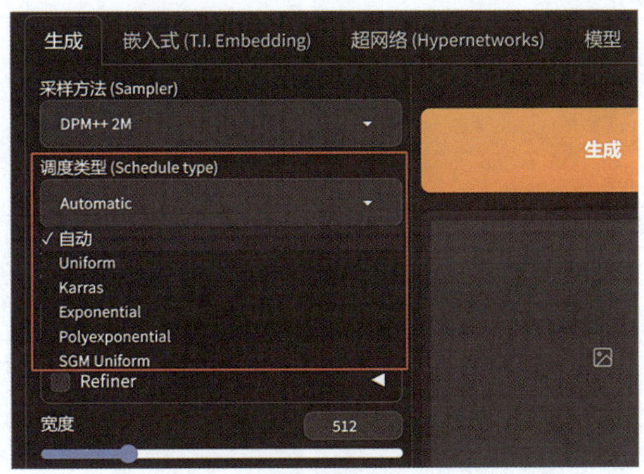

图3-28　调度类型选择界面

（12）高分辨率修复（Hires.fix）

勾选后可以将图片的分辨率放大，得到高清的图片，但是渲染速度会变慢，所以比较推荐通过常规渲染得到满意的图像后，锁定随机数种子和保留其他参数，再打开高清分辨率修复将图片放大。

（13）放大算法

类似于生成图像的采样方法，显存较低时建议选择潜变量（Latent），其能够在低显存下获得更高的放大倍数；显存足够的情况下优先选择其他算法（图3-29）。

（14）高分迭代步数（Hires steps）

对画面影响比较有限，通常选择0～15，最大不要超过30（图3-30）。

（15）重绘幅度（Denoising strength）

对放大效果影响最大，会改变放大后的细节丰富程度，0.7以上的重绘幅度就会使部分细节明显偏离原画面，所以我们可以根据自己的需求来选择相应的重绘幅度（图3-31、图3-32）。

（16）放大倍数

在兼顾质量和速度的情况下，建议选择数值2（图3-33）。

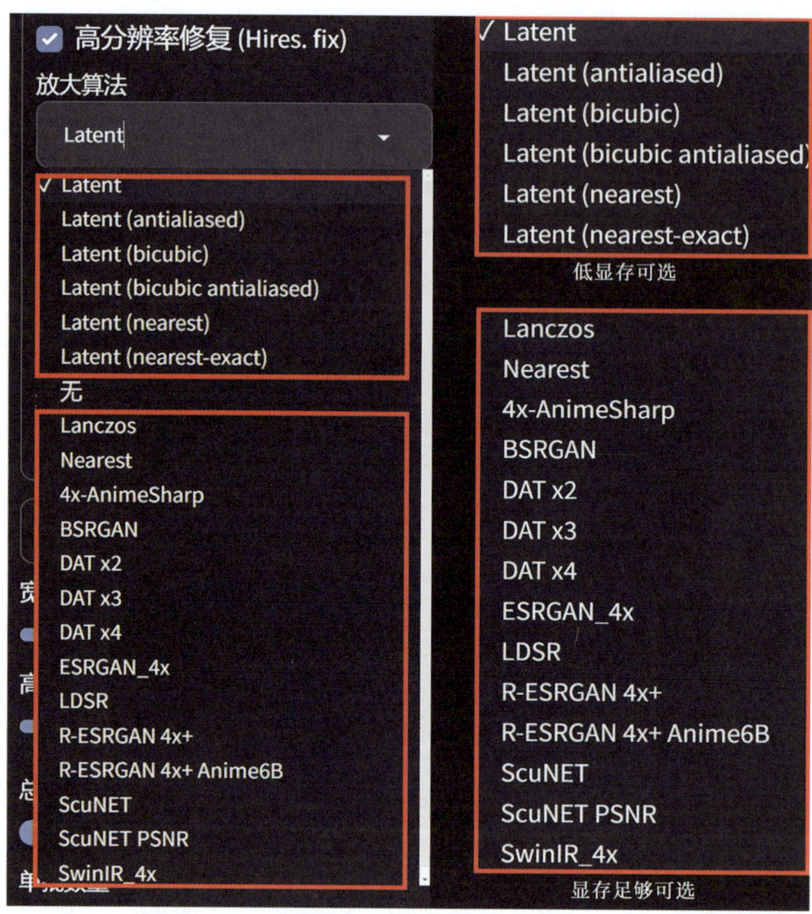

图3-29　放大算法设定界面

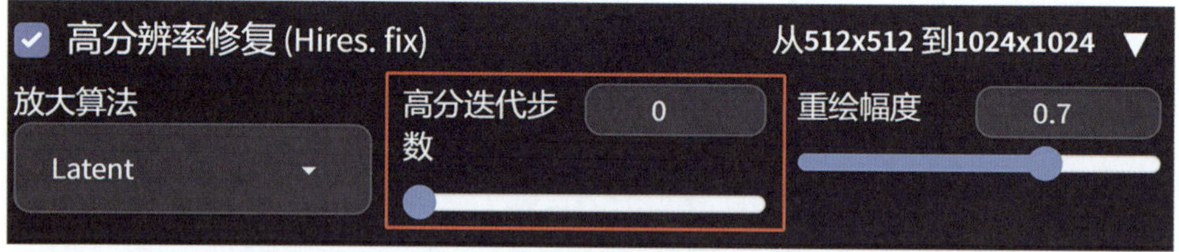

图3-30　高分迭代步数设定界面

图3-31　重绘幅度设定界面

图3-32　不同重绘幅度生成的图片

图3-33　放大倍数设定界面

3.3 探索Stable Diffusion

Stable Diffusion 作为一款强大的 AI 绘图工具，在人工智能的世界中，它可以被用来生成各种各样的图像和设计作品，具有广泛的应用场景和丰富的功能。对广大读者来说，了解如何利用 Stable Diffusion 进行设计，可以大大提升他们的创造力和工作效率。本节将深入探讨 Stable Diffusion 的设计能力、基本原理、交互逻辑，以及如何运用其核心功能进行创作，帮助读者全面了解这一工具的强大之处。

3.3.1 运用 Stable Diffusion 可以做哪些设计

Stable Diffusion 是一种基于扩散过程的生成模型。扩散过程最早用于物理化学领域，描述的是粒子在介质中扩散的过程。在机器学习中，扩散模型通过逐步添加噪声来破坏图像，并通过学习逆向过程来恢复图像。这种方法使模型在生成新图像时，能够逐步细化和完善，最终产生高质量的图像，那么它可以帮助我们做哪些设计呢？

（1）艺术创作

Stable Diffusion 可以帮助艺术家生成独特的艺术作品。通过输入一些基本的草图或者描述，模型可以生成详细的、具有艺术风格的图像。这对于那些希望尝试新风格或寻找灵感的艺术家来说，是一个非常有价值的工具。例如，艺术家可以输入“公园入口，丝带，纤维艺术装置”，模型将生成与描述相符的艺术作品（图 3-34）。

图3-34 艺术作品生成界面

（2）平面设计

在平面设计中，Stable Diffusion 可以用于创建海报、传单、封面等各种设计作品。设计师可以通过描述他们的需求，快速获得多个设计草案，从中选择最满意的进行进一步修改。假设你正在设计一本科幻小说的封面，你可以输入“未来的城市景观，天空中有飞行的汽车”作为描述。Stable Diffusion 将生成一个详细的未来城市场景，展示飞行的汽车和高楼大厦（图 3-35）。

（3）游戏和影视视觉效果

Stable Diffusion 可以用于游戏和影视中的角色设计、场景设计和特效制作。设计

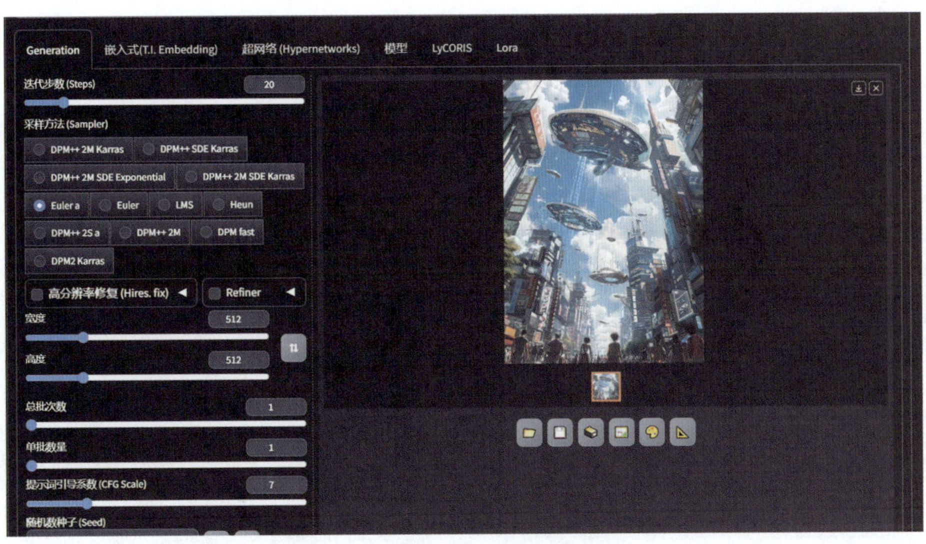

图3-35　科幻小说封面生成界面

师可以通过输入角色的描述或者场景的细节，快速生成高质量的概念图。假如你是一名游戏设计师，需要设计一个新的游戏角色。你可以输入“具有蓝色皮肤、空洞的双眼，一对大翅膀的外星生物”作为描述。Stable Diffusion 将生成符合描述的外星生物形象（图 3-36）。如果你对结果不满意，还可以进一步调整细节。

图3-36　外星生物生成界面

（4）产品设计

在产品设计中，Stable Diffusion 可以用于生成产品的外观设计、配色方案等。例如，甲方要求你设计一款新的智能手表，可以输入“圆形表盘、金属表带、未来感的设计”，模型将生成符合描述的产品设计图（图 3-37）。这可以大大加快产品设计的初期阶段，帮助设计师更快地迭代和优化设计方案。

图3-37　产品设计图生成界面

随着技术的不断发展，Stable Diffusion 和类似的生成模型将会变得越来越强大和易用。未来，普通读者和学生将能够更加便捷地使用这些工具，进行各种创意设计。

3.3.2　Stable Diffusion 基本原理和交互逻辑

在前一小节中，我们了解了 Stable Diffusion 的各种应用场景和简单的操作方法。在这一节中，我们将深入探讨 Stable Diffusion 的基本原理和交互逻辑。虽然我们不会涉及过多深奥的学术知识，但将提供足够的信息，让广大读者们理解这一强大工具的工作机制。

Stable Diffusion 是 2022 年发布的一款开源深度学习模型。首先，大家要明确 Stable Diffusion 是一个算法，我们说的 Stable Diffusion WebUI 是基于这个算法的一个工具。我们先从名字来大概理解一下它的意思。

Stable Diffusion 中的 Stable 是稳定的，Diffusion 是扩散。所以 Stable Diffusion 的简单理解就是一种稳定的扩散算法。

（1）什么是扩散（Diffusion）

在图像领域中，扩散算法是通过一定规则去噪（反向扩散）或加噪（正向扩散）的过程。图 3-38 演示的是以提示词“一朵红花”做扩散的过程，从最开始的灰色噪点块逐渐去噪到最终清晰的过程。

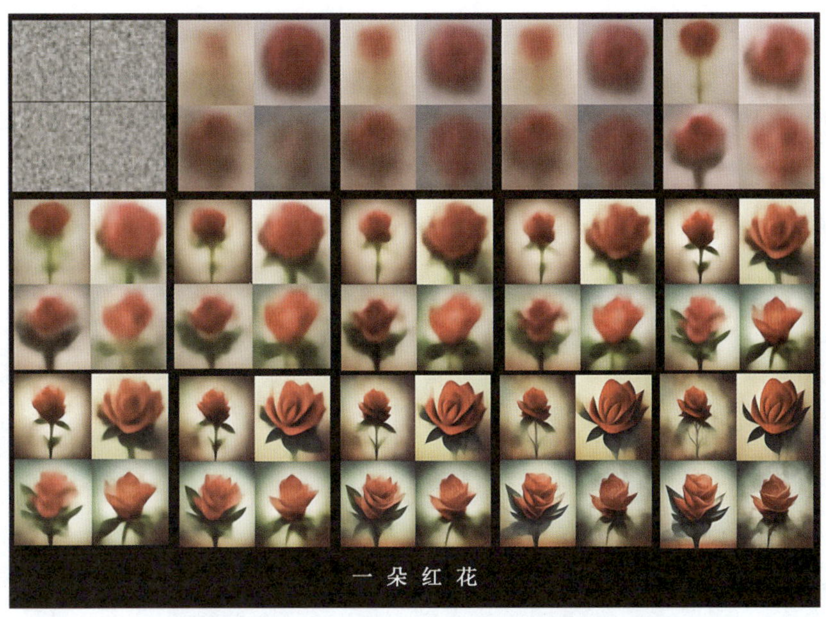

图3-38 以提示词“一朵红花”做扩散的过程

（2）这种扩散（Diffusion）是怎么被稳定（Stable）控制的

现在以文生图为例看一下 Stable Diffusion 的原理（图 3-39）。这个过程比较复杂，涉及 CLIP 模型处理、UNet 大模型处理和 VAE 模型处理。可以简单理解为：输入一段提示词，经过一系列函数运算和变化，最终输出一张图的过程。

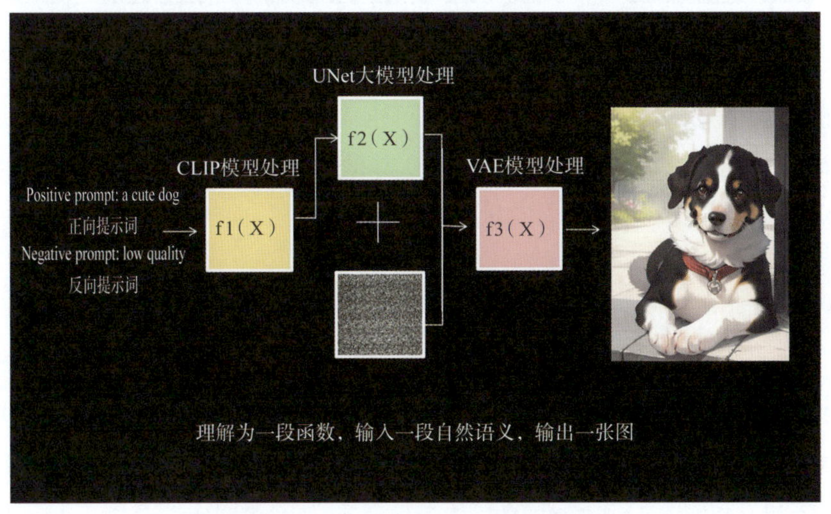

图3-39 Stable Diffusion文生图原理

（3）CLIP：用户输入的文字提示词是如何起作用的

先来看第一个部分，输入了一段提示词，这段提示词是如何起作用的？

让提示词起作用的是一种叫作 CLIP 的算法，是一种把文字转化为代码的算法（图 3-40）。举个例子，比如用户输入了一个提示词：可爱的小狗，CLIP 算法作自然语义处理的时候会根据之前被程序员调教的经验，大概感知到可爱的小狗可能具有哪些特征。比如他们可能有“大大圆圆的眼睛”，可能有“柔软的毛发”，可能有“可爱的神态”，等等，然后这些可能的特征被转化为 token 词向量，这就是我们说的 Embedding。

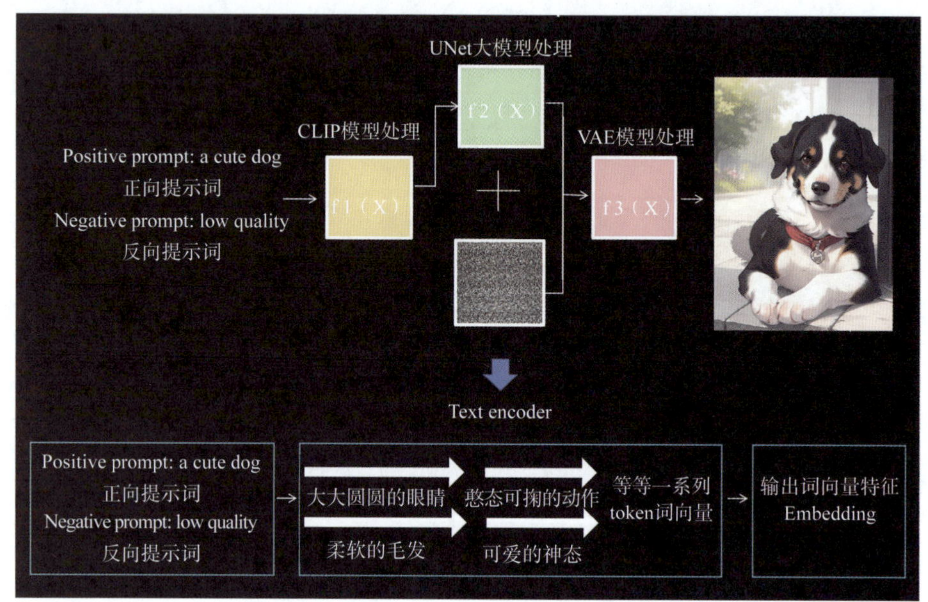

图3-40　CLIP算法原理

看到这里读者们可能会说，不对啊，同样是关键词，你用 AI 生图的结果为什么就更好看，而我生成的就很丑？那是因为，当我们输入同一个提示词，文本编码过程也一样，也就是每个人得到的词向量是一致的，但是后面的去噪算法依赖模型不同，生成的效果千差万别。

那么接下来讲一下 Stable Diffusion 里最重要的 UNet 算法。

（4）UNet：扩散模型的工作原理

UNet 是一种基于词向量的扩散算法，在之前说到的 Clip 算法会根据用户输入的提示词输出对应机器能识别的词向量（Embedding），作用于 UNet 去噪算法的每一步，这个方法在 Stable Diffusion WebUI 中被直译为提示词引导系数，是一个常用参数，它的数值决定了生成的图与提示词的相关程度。

说完了文生图，我们也说一下图生图。在使用 Stable Diffusion WebUI 的图生图功能的时候，往往是给一张图，然后输入一段提示词，比如我们还是设置扩散步数

N=20，这时候，它的原理是先把我们提供的图进行逐步加噪，逐步提取图片信息，使它变成一张完全的噪点图，再让提示词起作用，结合上面的UNet算法逐步去噪，得到既有素材图片特征，又有提示词特征的最终效果图。

（5）理解VAE的编解码过程

最后，我们来简单理解一下VAE编解码的过程（图3-41）。VAE全称变分自编码器，这里大家不需要作太多理解，只需要知道它是一个先压缩后解压的算法就好了。

讲到这里，其实Stable Diffusion的原理和交互逻辑就已经讲完了。现在用一句话来概述它的基本原理：Stable Diffusion基于扩散模型，通过逐步添加和去除噪声来生成图像，这种方法使生成的图像具有高逼真度和细节丰富性，适合于需要高质量图像的应用场景。

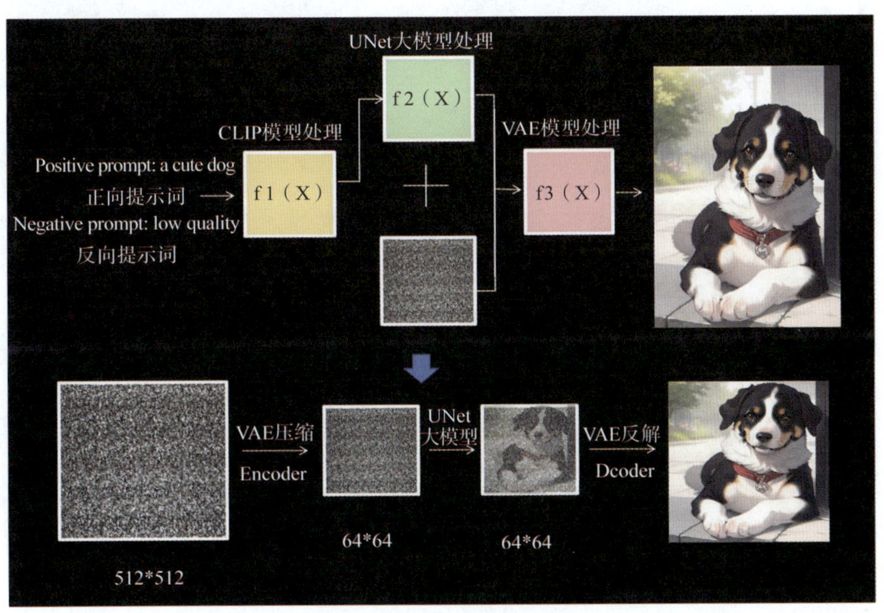

图3-41　VAE编解码过程

3.3.3　Stable Diffusion的核心功能

我们已经了解了Stable Diffusion的应用场景、基本原理和交互逻辑。现在，我们将进一步探讨Stable Diffusion的核心功能，其源于一款强大的插件——ControlNet，其可以更灵活地控制生成的图像内容和样式。无论你是刚接触AI绘图的初学者，还是有一定经验的设计师，通过学习本节内容，你将掌握ControlNet的基本使用技巧，并能应用于实际设计。

（1）什么是 ControlNet

相比于其他 AI 绘画工具，Stable Diffusion 最强大的功能是可以训练模型，生成的图像可控且画质真实，更贴合商业用途，这得益于 ControlNet 这个插件。

它赋予用户更多的控制权，让用户在 AI 生成图像时，可以通过输入额外的引导信息来精确地调整生成结果。简单来说，它提供了一种更直观和灵活的方式来指定图像的构图、样式和细节，精确地引导 Stable Diffusion 生成图像。

这就很好地解决了用户在使用 AI 绘图时无法控制生成图片的细节这个难题。

（2）如何使用 ControlNet

我们需要先了解它的页面功能（图 3-42）。

图3-42　ControlNet插件操作界面

启用：是否启用当前 ControlNet 功能，如果你要启用多个 ControlNet，你就勾选多个 ControlNet。

低显存模式：如果你的显卡低于 8G，建议勾选该选项。

完美像素模式：能让 ControlNet 自适应预处理器分辨率，勾选以后，Preprocessor Resolution 选项会消失。

允许预览：预览预处理处理的效果。

控制类型：相当于选择预处理器和模型的快捷目录，点击需要的控制类型，ControlNet 会自动加载对应的预处理器和模型。

预处理器：预处理器下拉菜单，会和模型搭配使用。

模型：模型下拉菜单，也就是我们下载安装的各种模型，每个模型都有不同的功能。

控制权重：ControlNet 输出的权重大小，权重越大，对生成图片的作用效果就越大。

引导介入时机：Stable Diffusion 有迭代步数，引导介入时机就是从哪一步开始介入图像的处理，设置为 0，则代表从一开始就介入，设置为 0.5，则代表从中间步数的时候介入处理。

引导终止时机：和引导介入时机刚好相反，从哪一步退出对图像的处理。

控制模式：主要有三种模式，即均衡、更偏向提示词、更偏向 ControlNet，这里就是字面意思，用户可以根据自己的需求勾选。

缩放模式：也分为三种，即仅调整大小、裁剪后缩放、缩放后填充空白。

回送：把生成后的图像送回 ControlNet。

此外 ControlNet 还有辅助插件，我们通常称为预处理器，截至目前，最新的 ControlNet v1.1.150 版本，一共有 37 种（图 3-43）。

invert（白底黑线反色）	canny（边缘检测）	depth_leres（LeRes深度图估算）	depth_leres++（LeReS深度图估算++）	depth_midas（MiDas深度图估算）	Inpaint Global Harmonious（重绘-全局融合算法）
lineart_anime（动漫线稿提取）	lineart anime_denoise（动漫线稿提取-去噪）	lineart coarse（粗略线稿提取）	lineart realistic（写实线稿提取）	lineart_standard（标准线稿提取-白底黑线反色）	mediapipe_face（脸部边缘检测）
mlsd（M-LSD直线线条检测）	normal bae（Bae法线贴图提取）	normal midas（Midas法线贴图提取）	openpose（OpenPose姿态）	openpose_face（OpenPose姿态及脸部）	openpose_faceonly（OpenPose仅脸部）
openpose_full（OpenPose姿态、手部及脸部）	openpose_hand（OpenPose姿态及手部）	scribble_hed（涂鸦-合成）	scribble_pidinet（涂鸦-手绘）	scribble_xdog（涂鸦-强化边缘）	seg ofade20k（语义分割-OneFormer算法-ADE20k协议）
seg_ofcoco（语义分割-OneFormer算法-Coco协议）	seg ufade20k（语义分割-UniFormer算法-ADE20k协议）	shuffle（随机洗牌）	softedge_hed（HED软边缘检测）	softEdge_HEDSafe（软边缘检测-保守HED算法）	softEdge_PiDiNet（软边缘检测-PiDiNet算法）
softEdge_PiDiNet Safe（软边缘检测-保守PiDiNet算法）	T2ia Color Grid（自适应像素画处理）	T2ia_sketch_PiDi（自适应手绘边缘处理）	T2ia_style_clpvision（自适应风格迁移处理）	threshold（阈值）	tile_resample（分块重采样）

图3-43　ControlNet预处理器（部分）

当然，常用的预处理器并没有那么多，分为以下几种：

Openpose（姿势检测）　Depth（深度检测）　Canny（边缘检测）

Lineart（边缘检测）　Scribble（涂鸦）

① Openpose（姿势检测）。Openpose 可以从输入图像或视频中识别和提取人体关键点，包括关节、骨骼、面部特征等（图 3-44 ～图 3-46）。通过这些关键点，

Openpose 能够准确地表示人物的姿态和动作，为后续的图像生成和处理提供基础。它的主要功能有人体姿态估计、面部特征提取、手部姿态识别、多人体姿态识别。

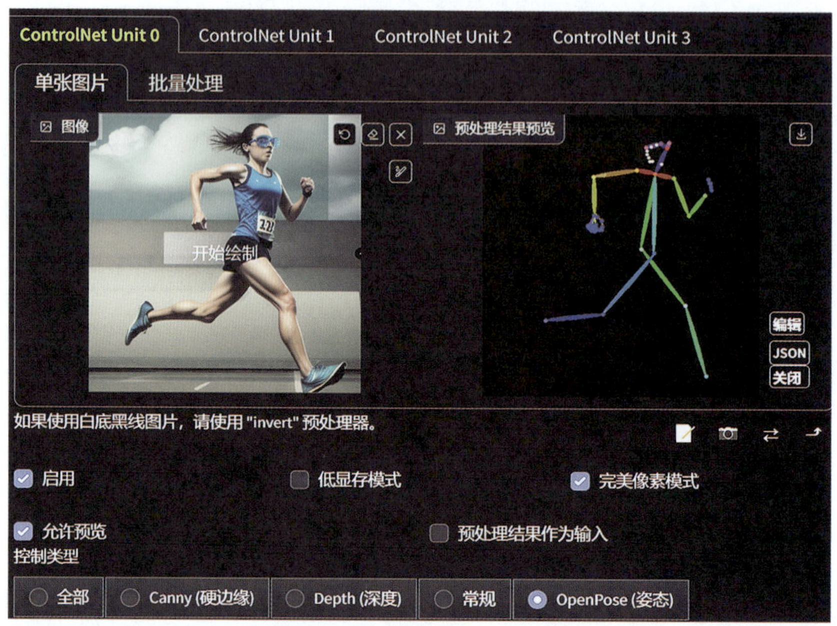

图3-44　Openpose设定界面

图3-45　Openpose预处理结果预览

图3-46　Openpose生成的图片

② Depth（深度检测）。受限于检测结果以平面图像来呈现，Openpose 有时无法对有交叠的、角度非常规的人物精准检测。Depth 恰好弥补了这一项，它可以根据物体的明暗关系来检测物体，这样一来，即便肢体之间有交叠，也依然能识别出人物的姿势。图 3-47 ～图 3-49 案例中，就能很清晰地看见手是覆盖在眼睛上，而不是双手

抱头的姿势。当然除了人物生成，它还能帮助用户更好地理解和控制图像的三维结构。无论是在室内设计、产品展示还是游戏开发中，Depth 都能为图像生成提供极大的便利和创意空间。通过掌握这项技术，用户可以生成更加逼真和自然的图像效果，满足各种设计需求。

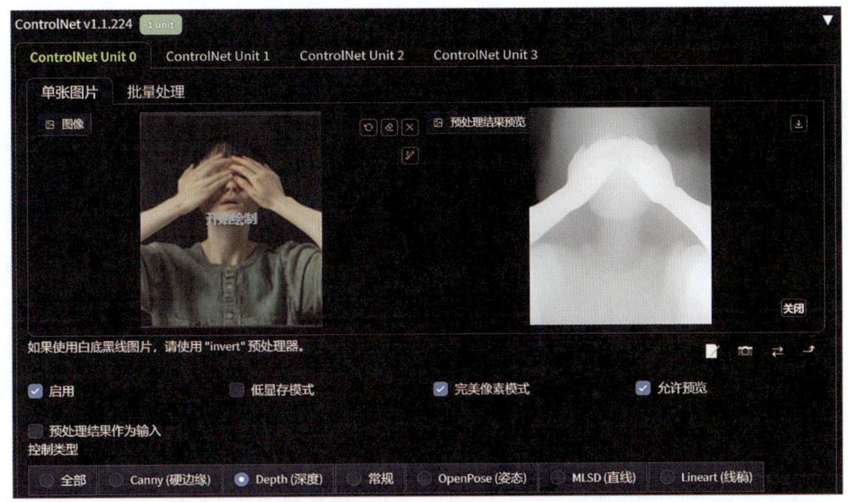

图3-47　Depth设定界面

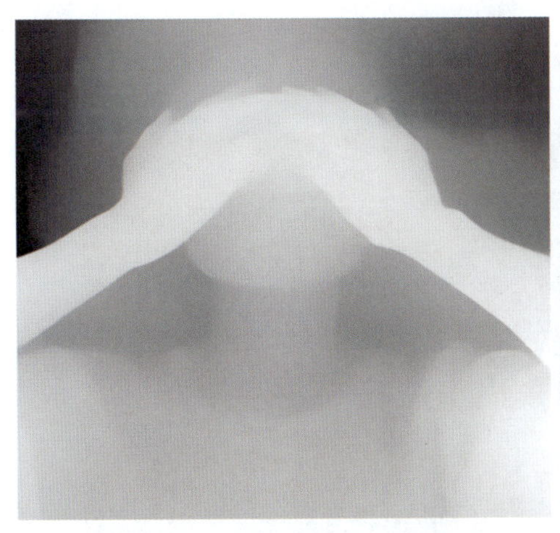

图3-48　Depth预处理结果预览

图3-49　Depth生成的图片

③ Canny（边缘检测）。在 ControlNet 插件中，Canny 边缘检测功能主要用于预处理输入图像，使 AI 生成图像时能够更好地遵循边缘信息。它通过多阶段过程提取图像中的显著边缘，帮助生成清晰的轮廓。简单来说，Canny 就是硬边缘，用于采集图片的线稿。在室内设计、产品设计和艺术创作等多个领域，Canny 边缘检测都能发挥重要作用。

④ Lineart（边缘检测）。Lineart 和 Canny 的功能比较相似，都是用于从图像中提取线条和边缘信息。但 Lineart 边缘检测可以生成清晰的轮廓图（图 3-50、图 3-51）。在 ControlNet 插件中，Lineart 边缘检测预处理器帮助用户将复杂的图像简化为线条和轮廓，从而提供更清晰的输入指导，便于生成准确的图像效果。

图3-50　Canny和Lineart输入图片

图3-51　Canny和Lineart效果对比

⑤ Scribble（涂鸦）。Scribble 涂鸦预处理器是一种基于手绘涂鸦输入的图像生成方法。用户可以通过简笔画涂鸦来指定图像的基本构图、形状和轮廓，Scribble 再根据这些输入生成详细且逼真的图像（图 3-52、图 3-53）。这种方法特别适用于初学者和那些不擅长绘画但希望快速生成高质量图像的用户。

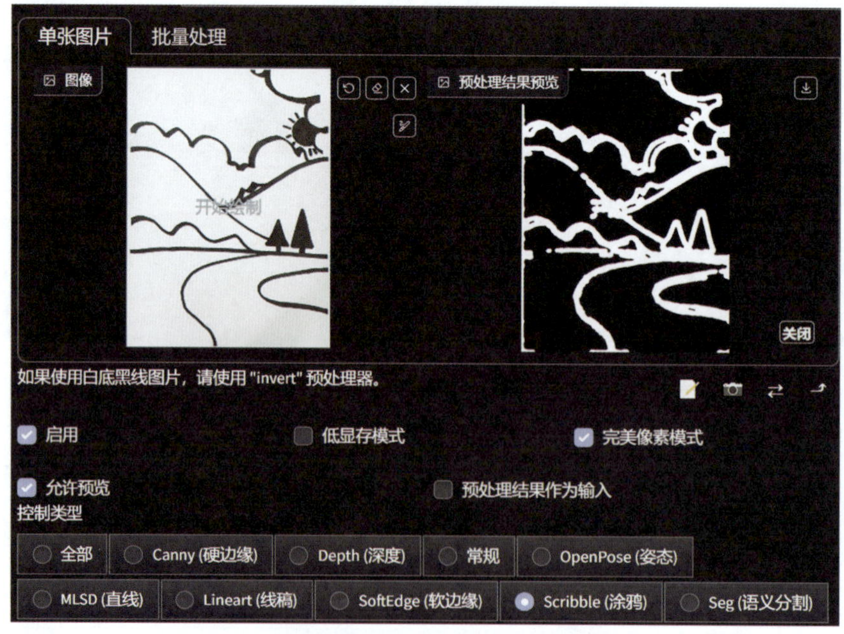

图3-52　Scribble设定界面

图3-53　Scribble输入的涂鸦图片和生成的图片

通过本节内容的学习，大家应该对 ControlNet 插件有了基本的了解，并掌握了其使用技巧。无论是室内设计、产品设计，还是电商展示，ControlNet 都能为你的设计工作带来极大的便利和创意空间。通过后续的不断实践和探索，你将发现更多使用 ControlNet 的方法和技巧，以提升你的设计水平和效率。

3.4 打开设计的大门：Stable Diffusion设计应用

3.4.1　实现时间的逆转：利用 Stable Diffusion 修复老照片

老照片不仅是珍贵的记忆载体，也是历史的记录者。随着时间的推移，这些照片往往会受到损坏，如褪色、划痕、破损等。然而，利用先进的 AI 技术和图像处理工具，我们可以实现时间的逆转，修复老照片，使它们焕发新的生命。下面将详细介绍如何使用 Stable Diffusion 工具修复老照片。

（1）准备工作

在开始修复之前，我们需要做一些准备工作，包括安装必要的软件和准备需要修复的照片。

你需要确认在计算机上安装 Stable Diffusion。这是一款先进的图像处理软件，能够利用 AI 技术进行图像修复。

你还需要将需要修复的老照片进行高分辨率扫描，确保获得清晰的数字图像文件。建议使用 300dpi 或更高的分辨率进行扫描。操作示例：使用扫描仪将一张老照片扫描成 300dpi 的 JPEG 文件，保存到电脑的指定文件夹中。

（2）初步处理

在正式修复之前对照片进行初步处理，确保图像质量和文件格式适合后续处理。

去除划痕和污渍：在 Adobe Photoshop 中，使用“修复工具”或“克隆印章工具”去除照片中的划痕和污渍。这些工具可以智能识别并填补照片中的缺陷区域。操作示例：选择“修复工具”，在照片上点击并拖动，去除明显的划痕和污渍；使用“克隆印章工具”复制和覆盖受损区域。

（3）利用 Stable Diffusion 进行修复

利用 Stable Diffusion 的强大功能，对老照片进行详细修复，包括去除划痕、恢复色彩和修复破损部分。

①准备工作：确认安装了插件 ControlNet，并且下载了安装 ControlNet 的 Recolor（重上色）模型与对应的预处理器。

②导入照片：将照片导入 Stable Diffusion 中的 ControlNet 插件界面中的单张图片，点击启用和完美像素模式，确保我们后续的操作可正常进行（图 3-54）。

图3-54 在ControlNet插件界面导入照片

③参数设置：在 ControlNet 插件界面中点击 Recolor（重上色），模型对应选择已安装的 Recolor 模型（图 3-55）。点击白色箭头图标，使线稿尺寸与我们最终出图尺寸一致（图 3-56）。

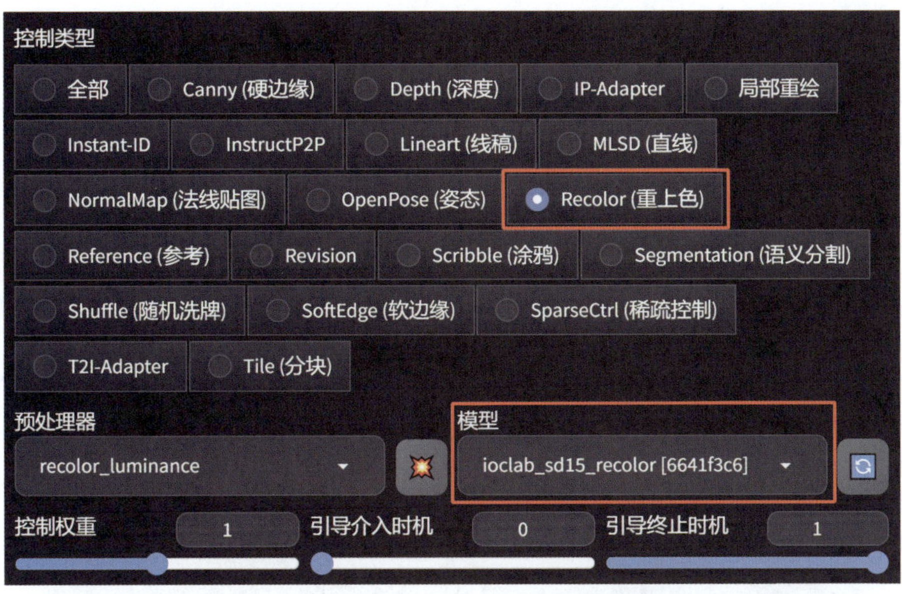

图3-55　ControlNet插件中Recolor设定界面

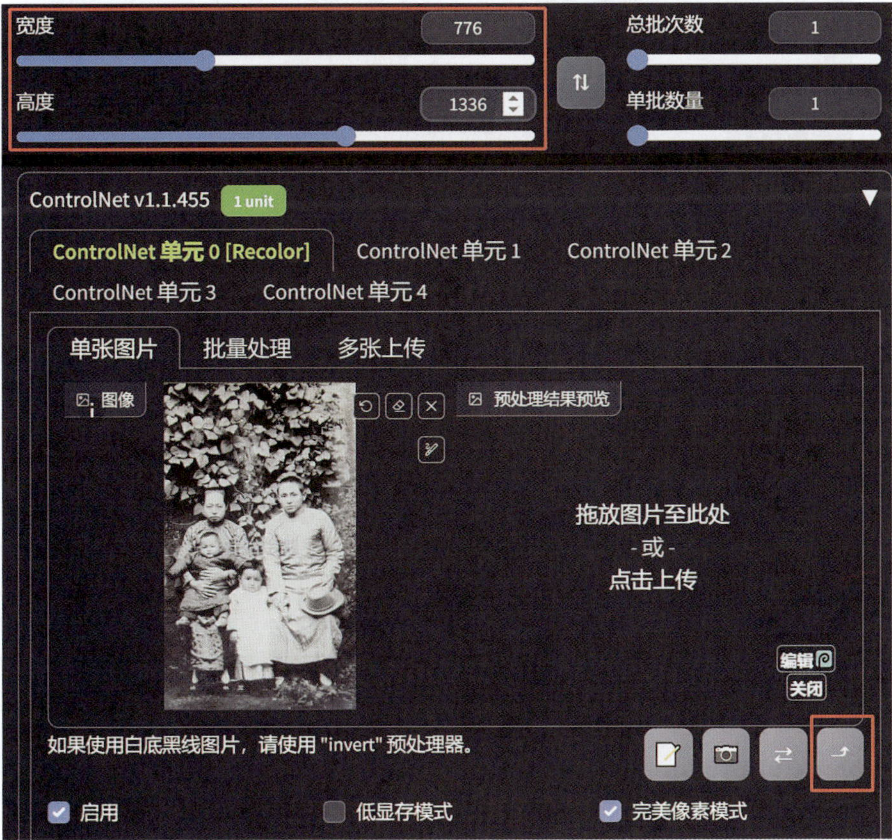

图3-56　ControlNet插件中尺寸设定界面

④填写提示词：提示词的填写我们可以先填写常规的人物的反向提示词，正向提示词我们则可以将照片发送到插件 WD1.4 标签器，对图片进行反推，得到正向的提示词。因为我们需要得到一张彩色照片，所以需要对提示词进行检查，比如将黑色、灰色等提示词进行删减修改，添加提示词如彩色照片等。最后需要卸载所有反推模型，这样我们可以减少运行所占用的显存（图 3-57）。

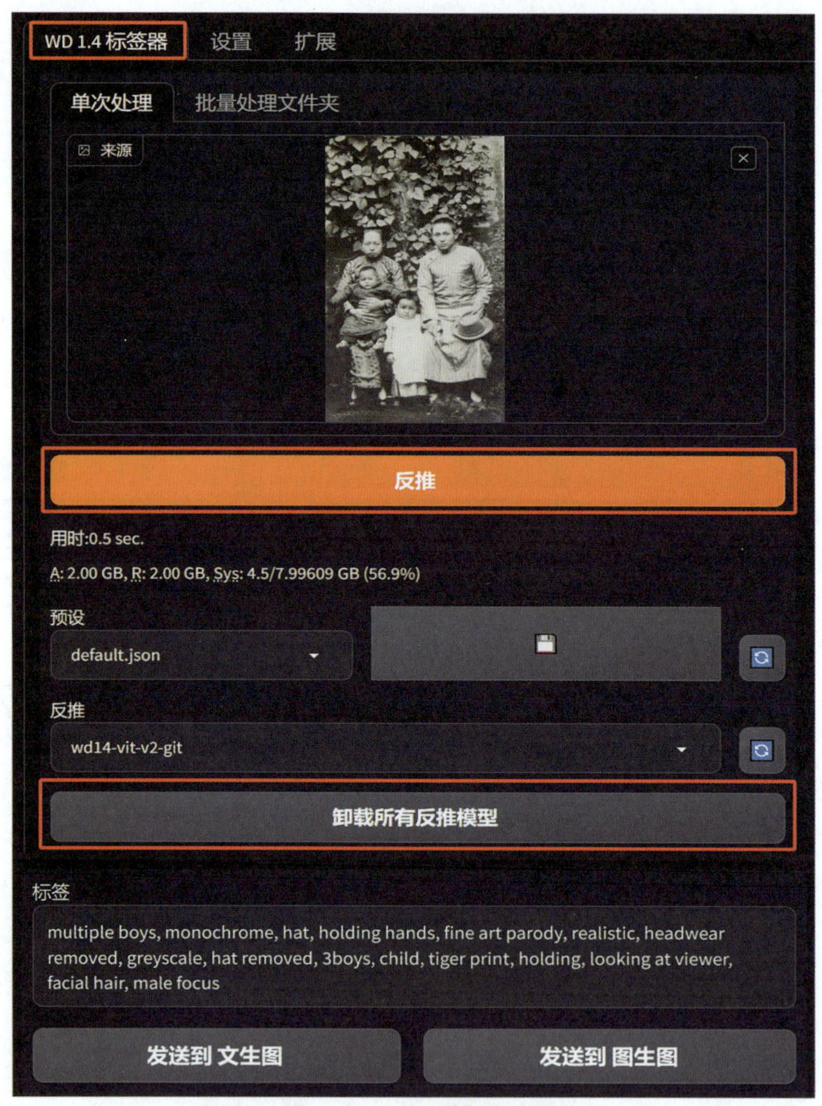

图3-57　利用WD1.4标签器反推操作界面

⑤选择模型生成：在大模型处，我们选择一个真实的常用大模型就可以了，这里我们用的是真实人物大模型 Realistic Vision V4。最后点击生成，这样我们就得到了一张彩色的照片（图 3-58）。

图3-58　生成的彩色照片

（4）后期处理

如果我们的照片已经是彩色的了，但是因年代久远还是非常不清晰，这时候，我们可以将已上色的照片导入 Stable Diffusion 中的后期处理界面中，进行图片放大处理。参数设置：缩放比例调整为 2，放大算法选择 R-ESRGAN 4x+，最后点击生成即可（图 3-59）。

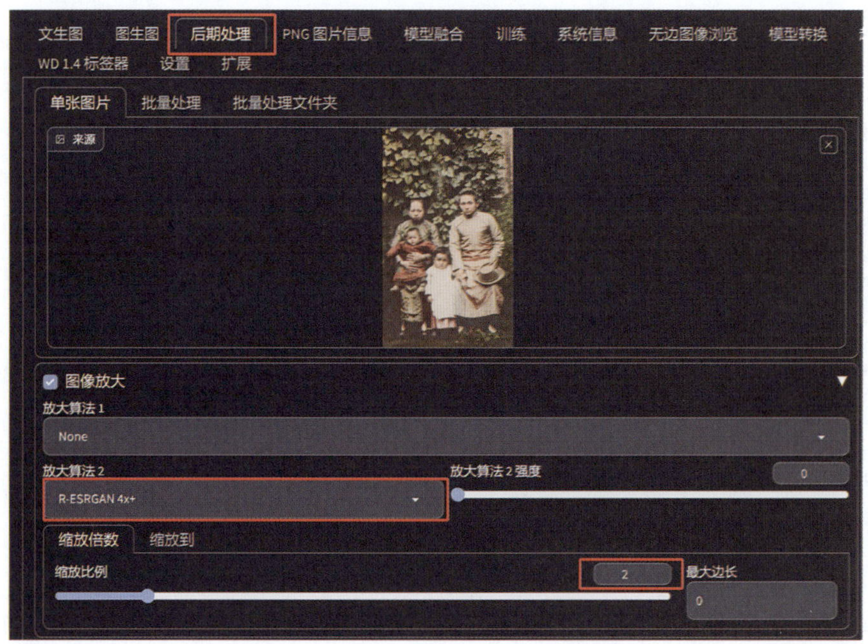

图3-59　放大算法设定界面

最后经过修复后的照片需要进行保存和输出，我们可以看到照片的细节和清晰度都得到了明显的提升（图 3-60）。

图3-60　修复后的照片及属性

3.4.2　视觉艺术的传递：从线稿到插画的技巧探析

在数字时代，利用先进的 AI 技术进行艺术创作已经变得越来越普遍。Stable Diffusion 作为一款强大的图像处理工具，为艺术家提供了从线稿到插画的完整创作流程。下面将以“视觉艺术的传递：从线稿到插画的技巧探析”为题，详细介绍如何使用 Stable Diffusion 完成这一过程。

（1）准备工作

在开始创作之前，确保安装好 Stable Diffusion，并准备好需要使用的线稿图像。

将想要转换的线稿图像导入计算机，确保图像清晰。如果是手绘线稿，建议使用高分辨率扫描仪进行扫描。或者可以简单地在 Photoshop 中使用画笔工具绘制一张线稿，大概表达想绘制的主体，并将其保存到电脑的指定文件夹中。

（2）导入线稿并进行初步调整

①导入线稿：将线稿导入 Stable Diffusion 中的 ControlNet 插件界面中的单张图片，点击启用和完美像素模式，确保我们后续的操作正常进行（图 3-61）。

图3-61 ControlNet插件导入图片界面

②线稿重绘：在导入线稿后，我们在下拉菜单控制类型中选择 Scribble（涂鸦），预处理器与模型我们直接默认就行，这时我们点击这个“爆炸”图形按钮（图 3-62），此时我们输入的这张草图被重绘成一张黑底白线的线稿，而且笔触特别像小孩涂鸦的感觉。最后我们点击箭头图标，使线稿尺寸与我们最终出图尺寸一致（图 3-63）。

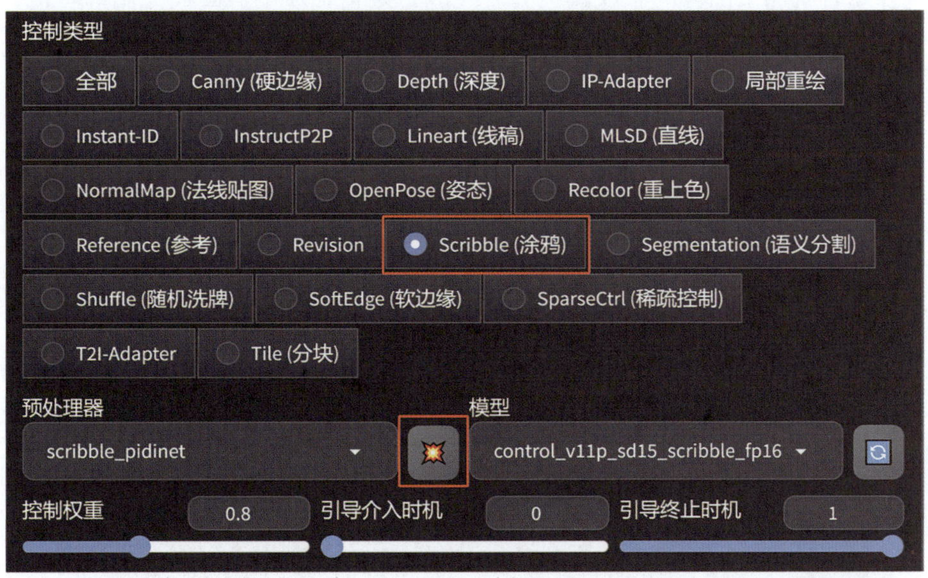

图3-62 控制类型与“爆炸”图形按钮

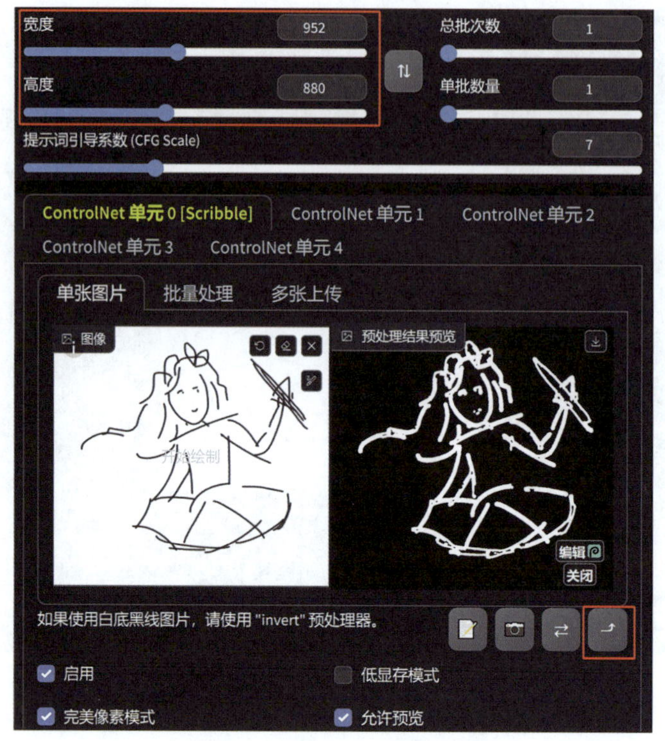

图3-63　线稿尺寸设定界面

③数值设置：控制权重表示这张草图对生成结果的影响程度，我们设置为 0.8 即可，让 AI 有一定的发挥空间，但又不会偏离过大。引导介入时机设置为 0，意思是让它从开始时就约束图像的生成。引导终止时机是指它撤出对画面控制的时机，我们设置为 0.7，同样是让 AI 有一定的发挥空间，控制模式选择均衡，缩放模式选择剪裁后缩放（图 3-64）。迭代步数我们选择 25，采样方法选择 DPM++ 2M，调度类型选择 Karras（图 3-65）。

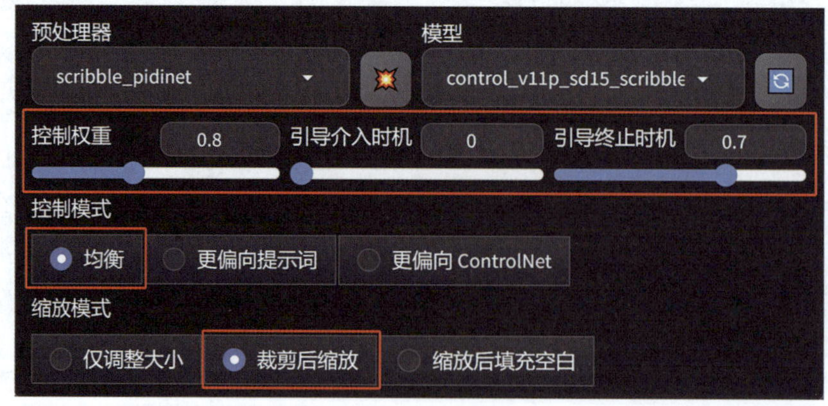

图3-64　控制权重、引导介入时机、引导终止时机、控制模式、缩放模式设定界面

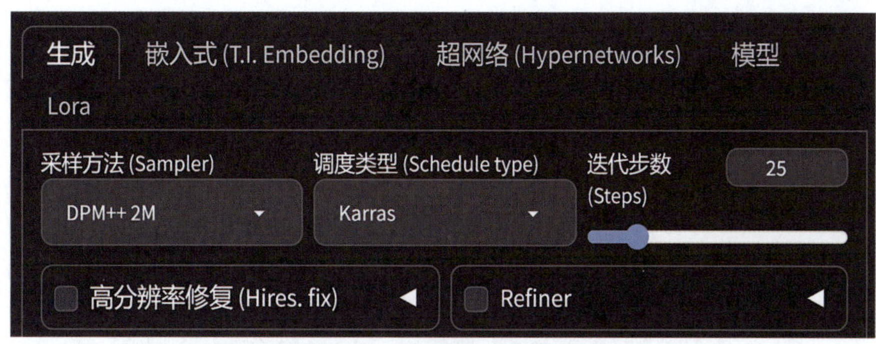

图3-65　采样方法、调度类型、迭代步数设定界面

④填写提示词：在正向提示词中我们按照手绘的简笔画图案来编辑，如“一个女孩，棕色的卷发，大眼睛，微笑，拿着一根魔法棒”。负向提示词则按照常规人物的填写即可（图 3-66）。

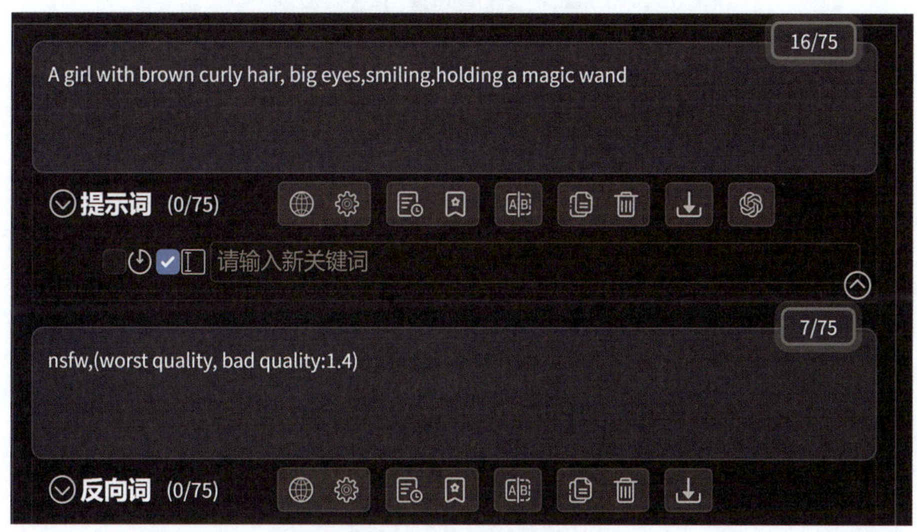

图3-66　提示词填写界面

⑤选择模型出图：这里我们选择了一个常用的二次元模型，然后点击生成（图 3-67）。想有不同效果的话，也可以更换其他的模型。

（3）细节处理与调整

细节处理是插画创作中的关键步骤，它决定了作品的精致程度和视觉效果。

调整整体效果：在 Photoshop 中调整色彩饱和度及色阶，使图案效果更加自然，以达到优化插画整体视觉效果的目的。

（4）导出与分享

完成插画后，需要进行导出和分享，以便展示和传播。

图3-67　生成的图片

导出插画：在 Photoshop 中选择合适的文件格式（如 PNG、JPEG），设置分辨率并导出最终作品。操作示例：点击“文件”菜单，选择“导出”，设置文件格式为 PNG，保存到设备中。

通过正确的操作步骤和合理的技术应用，你也可以使用 Stable Diffusion，将线稿转化为引人入胜的插画，展现你独特的视觉艺术才能。

3.4.3　海报设计的创新之路：人工智能艺术字的应用

在当今的设计领域，人工智能的应用正在不断扩展，尤其在海报设计中，AI 技术可以为设计师们带来全新的创意。下面将以“海报设计的创新之路：人工智能艺术字的应用”为题，详细介绍如何利用 Stable Diffusion 设计创意海报，并特别强调如何生成和应用人工智能艺术字。

（1）准备工作

在开始设计之前，确保安装好 Stable Diffusion，并准备好设计所需的素材。

准备设计素材：准备一些好看的艺术字体，并准备好需要在海报中使用的文字内容，可以在 Photoshop 中制作一张白底黑字的底图并保存成 JPG 格式，这张图的尺寸也可以是你之后生成海报的尺寸（图 3-68）。

图3-68　Photoshop制作的底图及其尺寸

（2）生成人工智能艺术字

启用 ControlNet，点击完美像素模式和允许预览。控制类型选择 Depth（深度），在预处理器后点击“爆炸”图形图标。引导终止时机调整到 0.75，其他数值可以使用默认（图 3-69）。

图3-69　ControlNet数值设定界面

①选择模型与数值调整：选择一个真实效果的大模型，在正向提示词中我们根据预想的海报画面图案来编辑，如“柠檬，飞溅的水，闪光的颗粒”。负向提示词按照常规的填写即可（图 3-70）。

图3-70　模型选择、提示词填写界面

②选择 LoRA 模型：选择一个与水果意向相关的 LoRA 模型，LoRA 的风格词组自动加入提示词（图 3-71）。

图3-71　LoRA模型

③采样方法选择 DPM++ 2M，调度类型选择 Karras，迭代步数在 20 ～ 25，最后点击生成（图 3-72）。

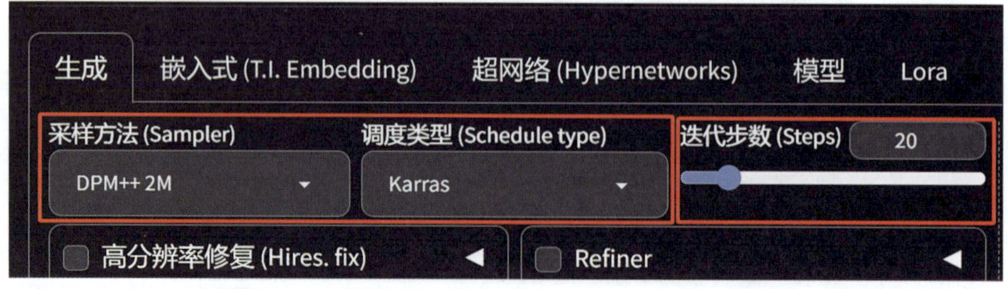

图3-72　采样方法、调度类型、迭代步数设定界面

④调整画面：如果我们想得到多种不同风格和内容的海报，可以尝试修改画面尺寸大小和迭代步数，以及尝试不同的 LoRA 变化，进行多次生成。或者调整单批的数量，一次生成多张图进行选择（图 3-73）。

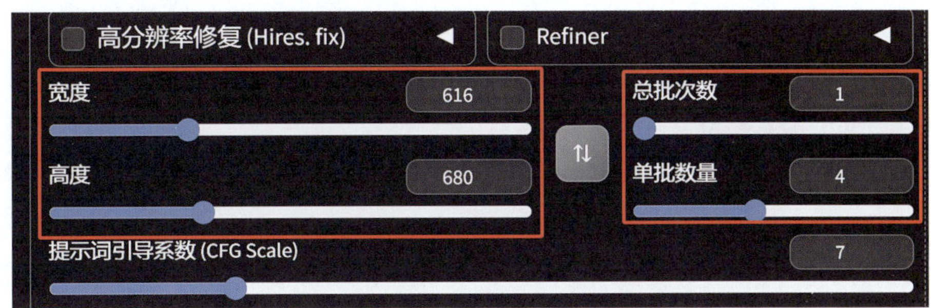

图3-73　尺寸、总批次数、单批数量设定界面

（3）最终调整和导出

对海报进行最后的调整，确保所有细节完美无缺，然后导出最终设计作品。

检查和细化细节：仔细检查海报设计，细化所有细节，确保没有遗漏或不协调的地方。操作示例：在 Photoshop 中，放大查看海报的每个部分，检查文字的边缘是否清晰，颜色搭配是否协调，对色相 / 饱和度进行调整。

导出海报：选择合适的文件格式（如 JPEG、PNG），设置分辨率并导出最终设计作品。操作示例：点击“文件”菜单，选择“导出”，设置文件格式为 PNG，分辨率为 300dpi，保存到设备中（图 3-74）。

图3-74　最终设计作品

你也可以通过这些步骤，利用 Stable Diffusion 实现你自己的设计创意，探索海报设计的创新之路。

3.5 设计新视界：Stable Diffusion在室内设计中的创新应用

在本节中，我们将详细探讨 Stable Diffusion 在室内设计中的创新应用。通过具体的案例和操作步骤，让你了解如何利用 Stable Diffusion 将创意和技术相结合，实现令人惊叹的设计效果。

3.5.1 线稿魔法：Stable Diffusion 如何将素描转变为立体效果图

在室内设计领域，是不是有这样一类设计师：擅长手绘，却不熟悉 3D 建模软件。此时，如果借助 Stable Diffusion，那么前期准备方案的时间和精力就大大缩减了。利用 Stable Diffusion，设计师们可以轻松将简单的素描转变为精美的立体效果图！

（1）准备线稿

如果你擅长手绘，可以直接使用铅笔在纸上绘制出室内线稿；如果不擅长手绘，也可以在网上找到一些免费的高质量室内设计线稿资源（这里我们只是在练习中使用，不可作其他用途，避免侵权），或者利用 AI 生图软件获得一张室内线稿图。这里我用的是由 AI 生成的一张室内设计线稿图，需要注意保持画面线条清晰、整洁。线稿图应包含基本的房间结构、家具和装饰元素。

（2）导入线稿

将线稿图像导入 Stable Diffusion。选择一个室内大模型以及图生图模式，确保图像清晰，并且各个元素的轮廓分明（图 3-75）。

（3）输入提示词和设置基础参数

在 Stable Diffusion 中输入正向提示词与反向提示词。这里我输入的正向提示词翻译过来是：客厅，现代风格，白色皮革沙发，灰色石材台面茶几，木地板，现代灰色织物和木扶手框架的单人沙发，绿色植物放在地上，沙发后墙有现代风格的抽象装饰画，中央构图法，超高分辨率。反向提示词则是：最差的质量，签名，水印，用户名，模糊（图 3-76）。

图3-75　Stable Diffusion图生图模式界面

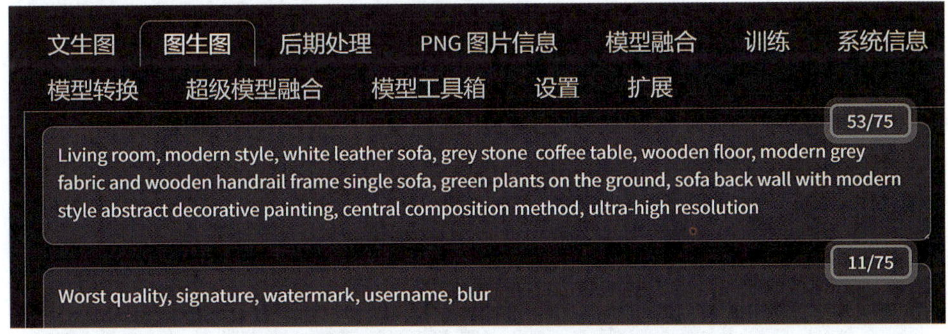

图3-76　Stable Diffusion提示词输入界面

接着，迭代步数设置为30，采样方式选择Euler a，画面尺寸设置与原线稿图一致，提示词引导系数则是默认的7（图3-77）。以上基础参数均可根据实际情况进行调整。

（4）加载ControlNet模块

如果想让最终画面效果更佳，ControlNet必须发挥重要的作用。此处叠加了两个预处理器，分别是Depth深度和Lineart线稿，充分利用它们各自的优势。深度模块提供空间感和光影效果，线稿模块提供结构和细节。这种综合利用使生成的效果图不但立体感强，而且细节丰富。

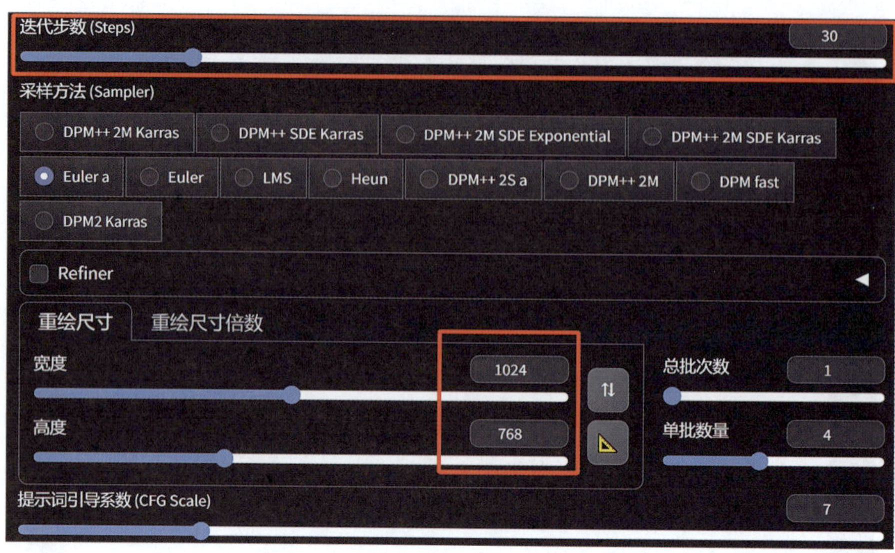

图3-77　迭代步数、采样方法、尺寸、提示词引导系数设定界面

它们的参数设置分别如图 3-78、图 3-79 所示。

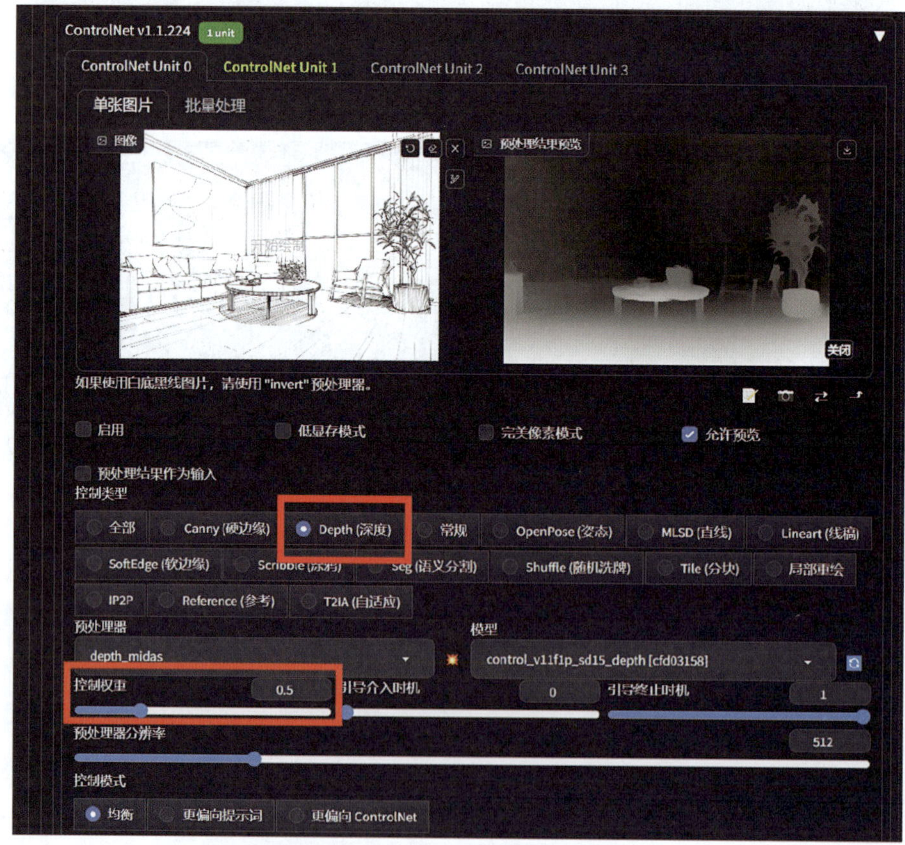

图3-78　Depth模块参数设置界面

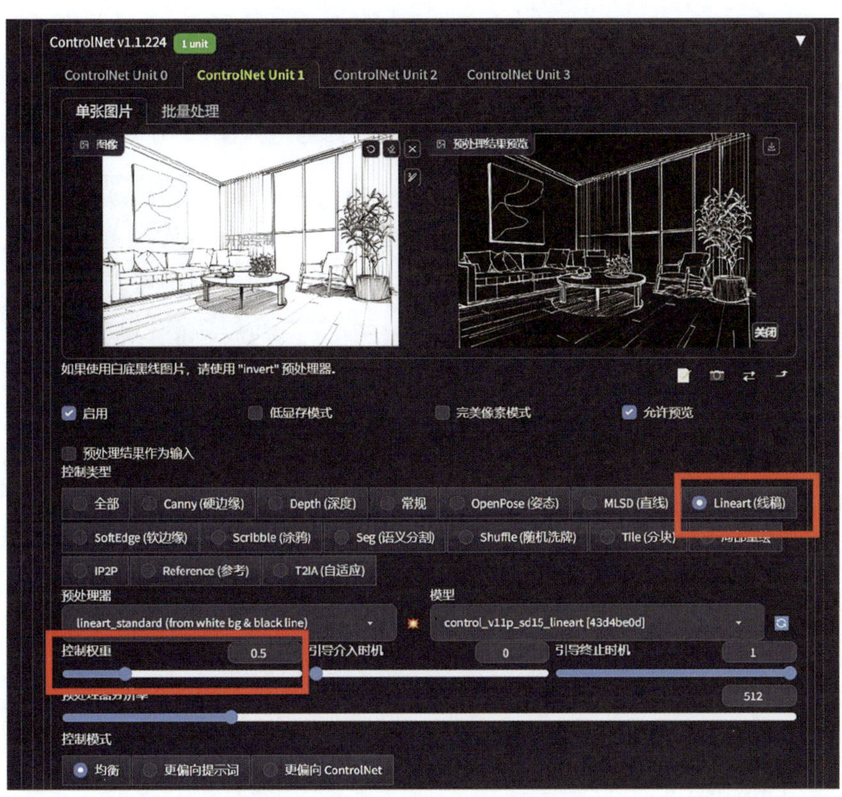

图3-79　Lineart模块参数设置界面

生成效果如图 3-80 所示。

图3-80　生成的效果图

（5）微调和完善

由于前面设置了生图总批次数 1，单批数量 4，这里得到 4 张图，经过筛选，最终选中右下角图。现在将右下角图进行后期的修复调整（图 3-81）。

图3-81　对效果图进行修复调整

（6）导出最终图像

将最终生成的室内效果图导出为高分辨率图像（图 3-82），用于展示或放进其他图片编辑器作进一步调整。

图3-82　最终室内效果图

使用 Stable Diffusion 将简单的室内线稿图转变为立体效果图，是一个既高效又充满创意的过程。通过合理的步骤和技巧，即使是初学者也能快速上手，创造出令人满意的作品。希望通过本小节的介绍，能帮助大家更好地掌握这一强大工具，为你的设计创作增添更多的可能性。

3.5.2　毛坯房的华丽变身：Stable Diffusion 效果图的神奇之处

你是否曾经想象过，那些看起来呆板无趣的毛坯房也能瞬间变成精致的生活空间？现在，利用先进的 Stable Diffusion 技术，这一切成为可能。只需一张简单的毛坯房照片，我们就能生成一张漂亮的装修效果图，直观地展示出设计方案的最终效果。这样一来，客户不仅能提前看到未来家的样子，还能更好地理解和参与装修设计过程。这项技术让每一个毛坯房都焕发出新的魅力，为你的家居梦想插上翅膀！

（1）拍摄毛坯房照片并导入 Stable Diffusion

使用高质量相机或智能手机拍摄毛坯房的照片，尽量捕捉房间的全景和主要角度。拍摄前确保房间光线充足，避免过暗或过亮的环境。这里我们选择了一张卧室的毛坯房照片作为案例展示（图 3-83）。

图3-83　毛坯房照片

将毛坯房的照片导入 Stable Diffusion 的 ControlNet，点击启用，选择完美像素模式，点击 Depth（深度），选定对应的模型及合适的分辨率图像设置，输入你想要呈现的效果描述提示词，最后生成四张图（图 3-84）。

（2）参数设置

设置参数时需要特别注意以下两点：第一，提示词中需注明画面视角，例如人面对床（图 3-85），否则可能会得到床背靠左或靠右的卧室图（图 3-86）。第二，将 ControlNet 的控制权重调低（图 3-87），因为数值过高时，ControlNet 对画面的控制会更强，导致最终生成的图像更接近原始图像（图 3-88）。

图3-84　生成的4张效果图

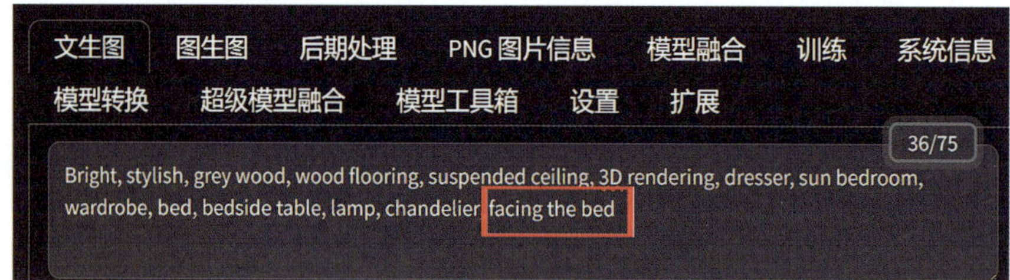

图3-85　提示词中加上“facing the bed”

图3-86　随机产生的床背靠右的错误图

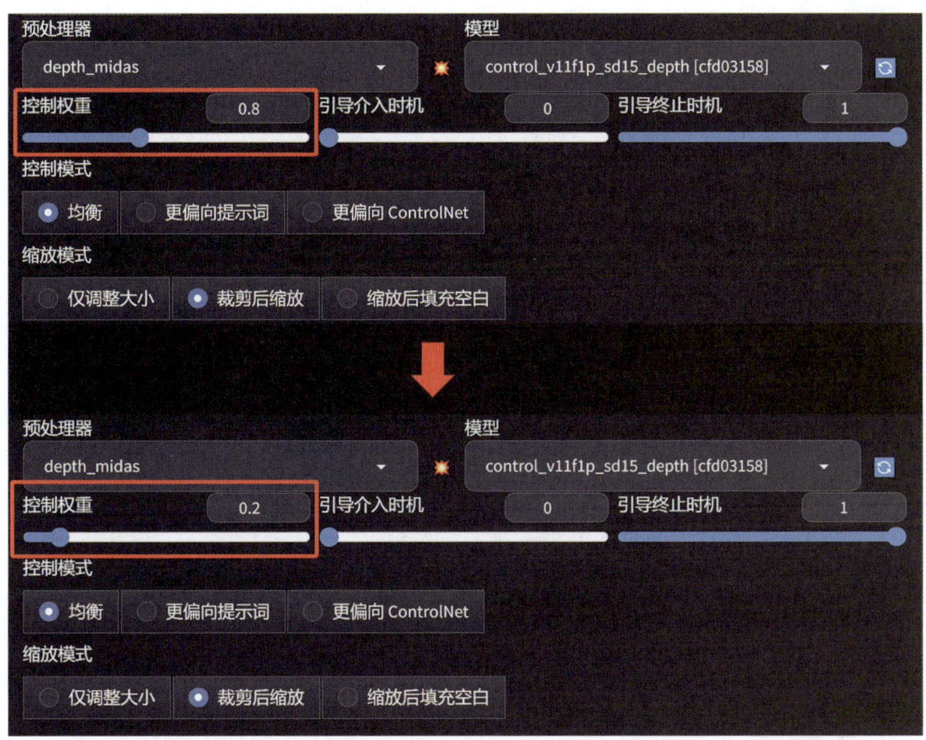

图3-87　将控制权重从0.8调整为0.2

图3-88　控制权重过高生成的错误图片

调整好所有参数后生成的效果图如图 3-89 所示，可以选中其中一张进行放大查看（图 3-90）。

图3-89　生成的 4 张效果图

图3-90　放大查看其中1张效果图

（3）精准控制画面效果

如果希望 Stable Diffusion 按照设想设计画面效果，可以结合上一小节的内容来达成目标。

首先，在毛坯房的照片上简单绘制几笔线稿草图，大致勾勒出床、床头柜、衣柜等家具的位置，确保线条清晰（图 3-91）。

图3-91　在照片上绘制线稿草图

其次，将草图导入 ControlNet，并启用 Lineart 预处理器，这样系统就能理解你的思路，并基于线稿生成效果图（图 3-92）。

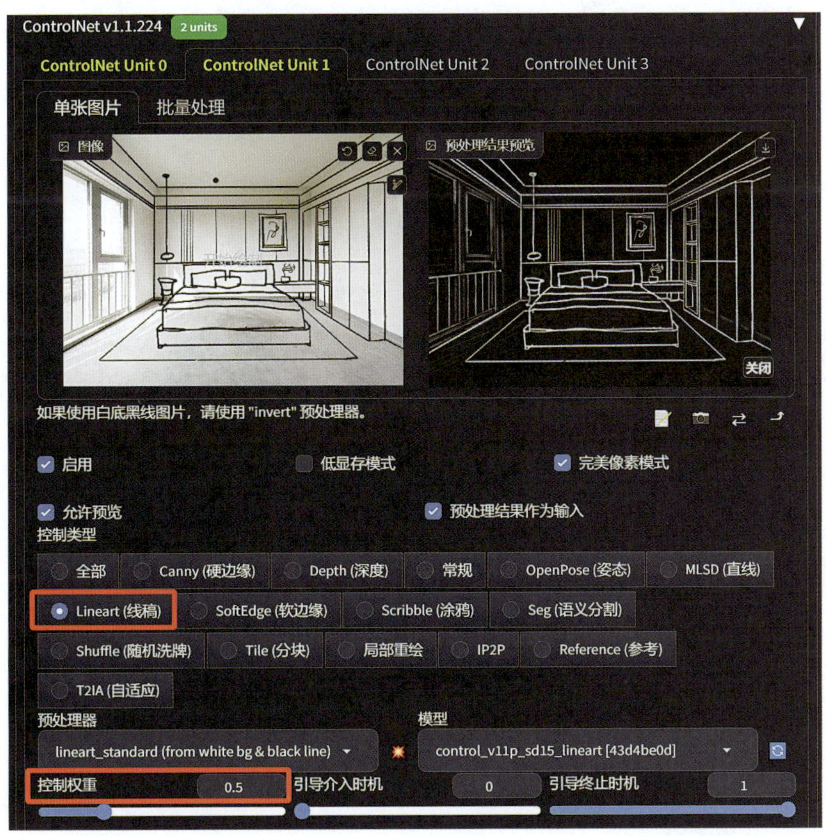

图3-92　在ControlNet中导入线稿草图并启用Lineart预处理器

设置好相关参数后，点击生成效果图（图 3-93）。

图3-93　生成的4张效果图

如果生成的图片中有不满意的地方，还可以批量生成多张图片，从中挑选出满意的部分并利用 Photoshop 合成，最终获得理想的效果图（图 3-94）。

图3-94　最终效果图

利用 Stable Diffusion 的这些功能，任何毛坯房都可以被重新诠释，展现出其潜在的美感和实用性，为客户提供一个清晰、可视化的未来居住环境的展示。

3.5.3　三维模型框架的秘密：感受 Stable Diffusion 的创新魅力

Stable Diffusion 不仅能够处理二维图像，还可以与三维模型相结合，生成高质量的三维效果图。甲方客户要求在短时间内提供多种风格的效果图方案时，设计师们往往感到手足无措。然而，有了 Stable Diffusion，设计师们可以轻松将 3D 白膜图转化为精美的三维效果图，大大缩短前期准备时间和精力。无论是展示复杂的室内设计方案，还是提供逼真的空间视觉效果，Stable Diffusion 都能帮助设计师们快速、高效地完成任务，使每一个设计方案都能以最佳状态呈现给客户。这项技术不仅加速了设计流程，还为设计师们提供了更多创意的可能性，真正实现了从二维到三维的无缝转换。

（1）准备三维白膜图

首先，选择适合的建模软件，如酷家乐等，根据项目需求进行精准建模。其次，在创建过程中，注意每个细节的处理，从墙面、地板到家具、装饰品，都需精细刻画，确保每一个元素都真实还原设计理念。最后，检查模型的整体结构，确保其逻辑性和完整性。通过这种方式获得的三维白膜图，能够为后续的效果图生成和实际施工提供坚实的基础，确保后续 AI 生图在各个环节都能得到准确、高效的呈现。现在以一个餐厅为案例（图 3-95）。

图3-95　餐厅三维白膜图

（2）导入三维白膜图

启动 Stable Diffusion，然后在界面中找到并打开 ControlNet 模块，将三维白膜图导入 ControlNet。启用并选择 MLSD（直线）预处理器，MLSD（直线）预处理器能够自动识别图像中的直线和边界。这在处理建筑设计、室内设计和平面图等图像时特别有用，因为这些图像通常包含大量的直线结构，能让图像生成更加精准贴合室内的结构。

（3）选择大模型与输入提示词

在启用预处理器的同时，你还需要输入一些提示词来指导 Stable Diffusion 生成效果图（图 3-96）。提示词可以是你想要的室内风格或元素，比如“现代风格餐厅”“简约法式餐厅设计”或者“带有大窗户的餐厅”。这些提示词将帮助软件理解你的设计意图。这里我选择了时下较流行的奶油风格室内大模型。

图3-96　提示词输入界面

（4）点击生成

输入提示词后，检查所有设置是否正确，然后点击生成按钮。Stable Diffusion 将开始生成室内效果图（图 3-97）。在生成过程中，你可能需要等待一段时间，具体时间取决于图像的复杂度和你的计算机性能。

图3-97　生成的室内效果图

（5）查看生成的效果图

生成完成后，你会在软件界面中看到生成的室内效果图。你可以仔细查看，确认是否符合你的预期。如果满意，记得将效果图保存到你的计算机中，以便后续使用或导入其他图片编辑器，作进一步修改和完善，最终为客户展示或用于项目提案。

通过以上步骤，你可以轻松将三维白膜图导入 Stable Diffusion，并生成高质量的室内效果图。希望这能帮助你更好地完成室内设计工作！

3.5.4　一键魔法：CAD 图如何在 Stable Diffusion 的帮助下轻松转变为家具图

如果你是一名全屋定制柜体设计师，日常工作中需要面对大量的设计任务和客户要求，常常需要加班完成工作。学会使用 Stable Diffusion 可以大大提高你的工作效率，让你轻松应对客户需求，告别加班。本小节将详细介绍如何将 CAD 立面图导入 Stable Diffusion，并一键生成高质量的柜体家具效果图。

（1）准备 CAD 图纸

首先，你需要准备好相关的柜体 CAD 立面图（图 3-98）。确保图中的线条清晰明了，以便软件能够准确识别和处理。为了达到最佳效果，请提前删除原图纸上所有的尺寸标注和注释信息，只保留柜体的外观和结构轮廓。这一步非常关键，因为任何多余的标注和细节都可能干扰 Stable Diffusion 的识别和生成过程。确保你的立面图仅包含柜体的样式和基本结构，以便在后续步骤中能够顺利生成高质量的效果图。这样处理后的 CAD 立面图将有助于提升生成图像的精准度和美观性。

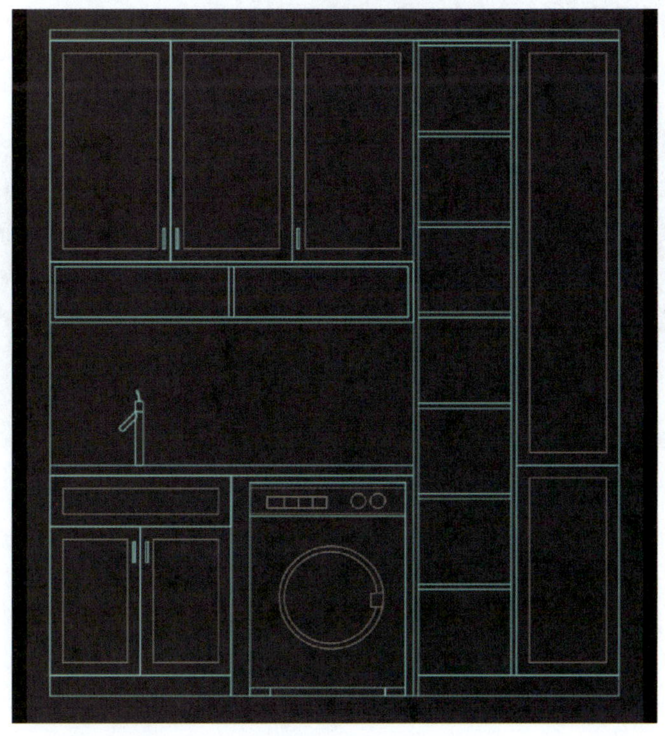

图3-98　CAD立面图

（2）导入 CAD 图纸并设置参数

在 Stable Diffusion 界面，找到并打开 ControlNet 模块（图 3-99），然后将你的 CAD 图纸文件导入其中。接下来，选择并启用 Lineart（线稿）预处理器，预处理器选择 invert（from white bg & black line），模型选择 control_vllp_sd15_Lineart[43d4be0d]。点击"爆炸"图形按钮，AI 将开始识别图像中的直线和边界。随后，点击最右侧的小箭头，Stable Diffusion 会自动识别并调整当前图片的尺寸，并将图像发送到生成设置。在生成设置中，调整图片总批次数和单批数量参数，将其设置为总共生成 2 次，每批生成 4 张图像。这样，通过批量生成，你可以确保至少有一张图像符合你的要求。选择渲染风格：在 Stable Diffusion 中选择合适的渲染风格，如写实风格或卡通风格。调整细节级别和颜色偏好，使生成的图像符合你的设计需求。

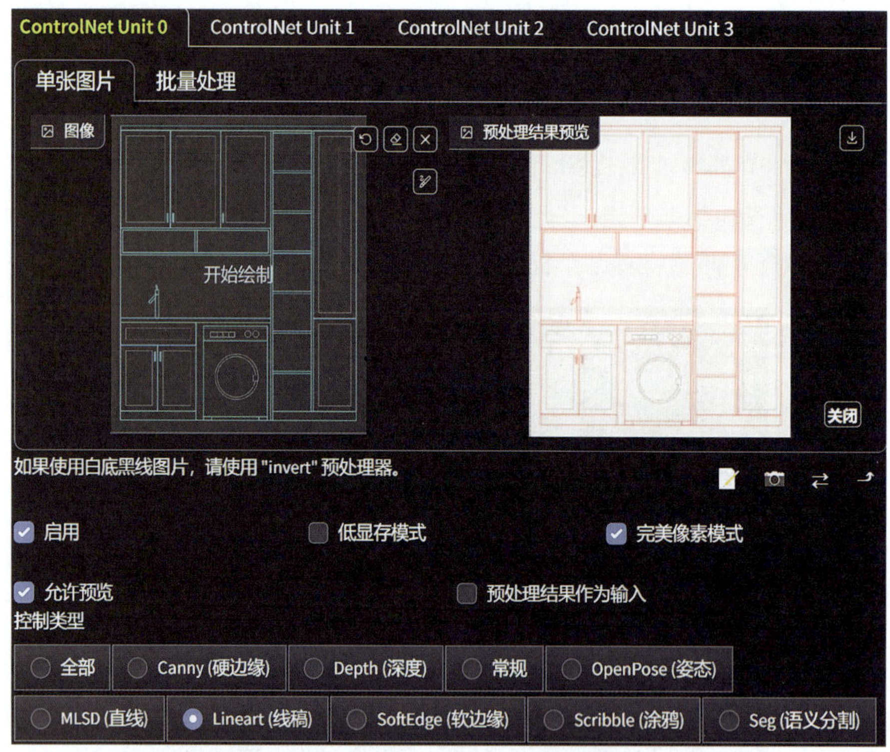

图3-99　ControlNet模块界面

（3）输入提示词

在启用预处理器的同时，你还需要输入一些提示词来指导 Stable Diffusion 生成效果图（图 3-100）。比如，你可以输入"现代风格柜体设计"或"简约木纹衣柜"等提示词，这些提示词能帮助软件更好地理解你的设计意图。接下来，选择一个适合的模型进行生成。我在这里选择了一个全屋定制类的通用模型进行案例演示。

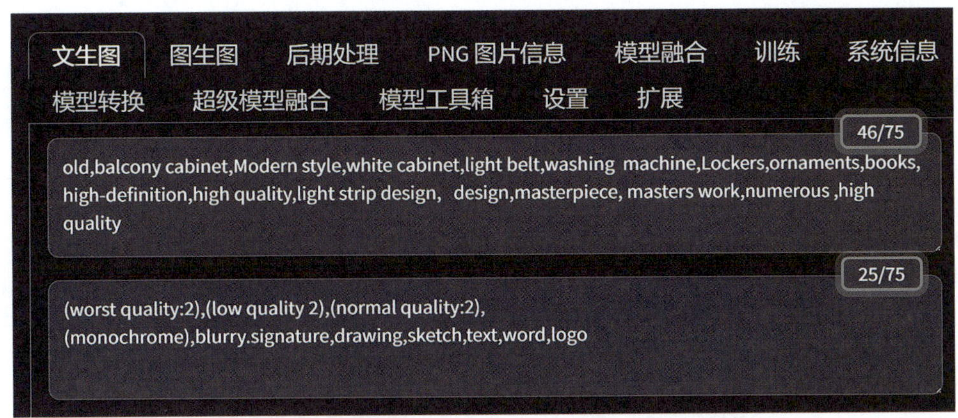

图3-100　提示词输入界面

（4）生成和保存最终图像

输入提示词后，检查所有设置是否正确，点击生成按钮。Stable Diffusion 将开始生成柜体效果图。生成完成后，你会在软件界面中看到生成的柜体效果图（图 3-101）。仔细查看效果图，确认是否符合你的预期。如果满意，记得将效果图保存到你的计算机中（图 3-102），以便后续使用或进行进一步的修改。

图3-101　Stable Diffusion生成的效果图

图3-102 最终效果图

现在，你已经有了一张高质量的柜体效果图，可以轻松地向客户展示你的设计。由于 Stable Diffusion 的高效性，你不再需要为加班而烦恼，可以更从容地应对客户的各种要求。

通过以上步骤，Stable Diffusion 帮助你将 CAD 立面图快速转变为高质量的柜体效果图，让你在工作中更加高效和轻松。尽管学习和使用新的工具需要一些时间和精力，但它带来便利和效率提升，这是非常值得的。希望这一小节的内容能帮助你更好地利用 Stable Diffusion 提高工作效率，减少加班时间，享受更轻松的工作生活。

3.5.5 风格转换，轻松搞定：Stable Diffusion 如何轻松改变软装风格

作为一名室内设计师，你可能常常遇到这样的情况：辛辛苦苦画了三天的效果图，客户却在看了五分钟后要求改换风格。面对这样的要求，设计师们常常感到头疼，不得不加班来满足客户的需求。有了 Stable Diffusion，你可以轻松应对这些挑战，把繁琐的工作变得简单高效，轻松改换效果图的软装风格，让你无惧修改，告别加班。

（1）准备初始效果图

首先，你需要准备好已经完成的初始效果图（图 3-103）。这张图应该包含所有的基础设计元素，如家具布置、墙面颜色和装饰细节。确保图像质量高，细节清晰，因为这将直接影响后续的处理效果。现在我以一张客厅效果图为案例展示。

图3-103 客厅初始效果图

（2）效果图导入 ControlNet 模块

效果图导入 ControlNet，找到预处理器选项，选择 Seg（语义分割）预处理器（图 3-104）。Seg（语义分割）是一种先进的图像处理工具，能够将一张图像分割成不同的部分，并对每个部分进行独立识别和处理。在室内设计中，Seg 可以帮助你快速改变图像的软装风格。通过分割和识别图像中的元素，处理器可以对每个元素应用不同的风格指令，比如将沙发从现代风格转换为中式风格，而不影响其他部分的设计。点击启用按钮。这个操作将激活预处理器，开始对效果图进行处理。

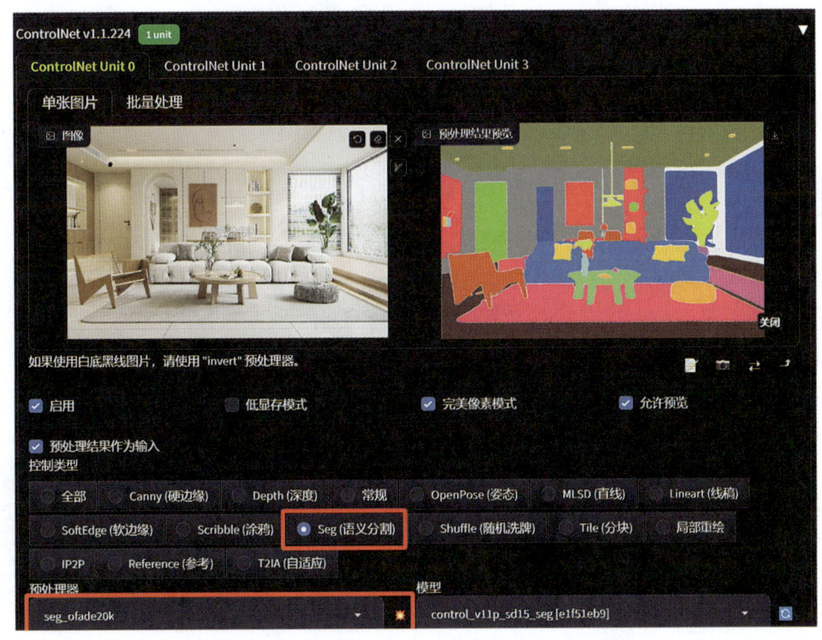

图3-104 Seg（语义分割）预处理器设定界面

（3）输入提示词开始生成

在启用预处理器的同时，你还需要输入一些提示词来指导 Stable Diffusion 重新生成效果图的软装风格（图 3-105）。例如，可以输入“北欧风格客厅”或“中式风格客厅”等提示词，这些提示词将帮助软件理解你的设计意图，并相应地调整图像中的软装元素。假设原始效果图是奶油风格与侘寂风格的混搭设计，现在可以将提示词更改为“禅意中式风格”，选用室内通用模型，点击生成按钮，然后看看最终生成的效果图。

图3-105　提示词输入界面

（4）生成并导出最终图像

在生成之前，我调整了总批次数与单批数量，将其改为总共生成 2 次，单批生成 4 张，总共用时 1 分钟，可获得 8 张效果图（图 3-106）。

图3-106　生成的8张效果图

仔细查看生成的 8 张效果图，确认是否符合你的预期。一般情况下，总有几张会让你满意。如果你满意其中的某些效果图，记得将它们保存到你的计算机中，以便后续使用或进行进一步修改（图 3-107、图 3-108）。

图3-107　保存满意的效果图（一）

图3-108　保存满意的效果图（二）

现在，你已经有了符合客户新要求的高质量效果图，可以轻松地向客户展示你的设计。由于 Stable Diffusion 的高效性，你不再需要为改图而加班，可以更从容地应对客户的各种要求。

3.6 设计新视界：Stable Diffusion在建筑、景观设计中的魔法运用

3.6.1 从线稿到效果图：揭秘 Stable Diffusion 的创新之道

在建筑设计领域，Stable Diffusion 提供了一个强大的工具来将线稿转化为高质量效果图，使设计过程更加高效和创意无限。本小节将详细介绍如何使用 Stable Diffusion 将线稿转为建筑效果图。

（1）下载模型

可在 LibLib AI 里输入关键词，然后根据需求与用途进行筛选，以更快找到合适的模型（图 3-109、图 3-110）。

图3-109　LibLib AI搜索与筛选界面

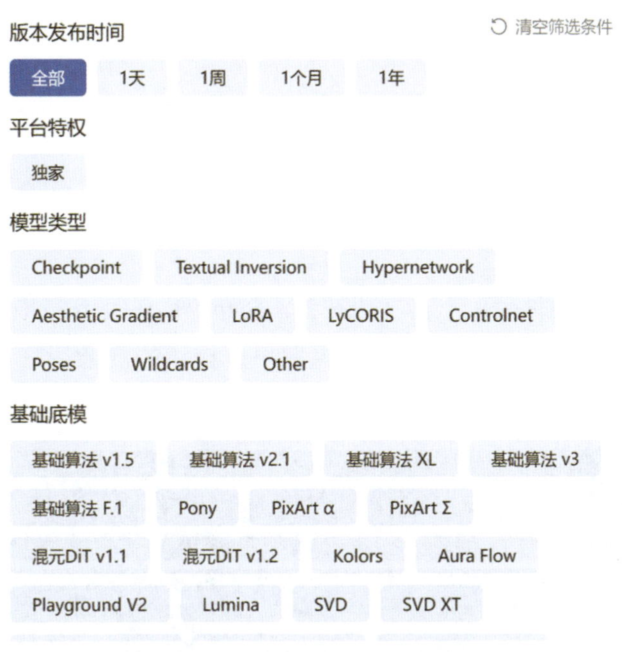

图3-110 LibLib AI筛选界面

下载适合的模型时，注意文件大小，确保计算机有足够的存储空间。

下载完成后，将模型文件（通常以 .safetensors 为后缀）拷贝到正确的文件夹位置，即 sd-webui-aki-v4.6\models\Stable-diffusion。导入后，如果在 Stable Diffusion 主页面的模型区域没有看到导入的模型，请点击刷新。

（2）输入设计需求和调整参数

在上传线稿（图 3-111）之后，在文本框中输入你对效果图的具体需求。例如：正向提示词：商业建筑，大面积的玻璃窗户，水泥地面，绿意盎然的植物，现代风格，高分辨率，8k。反向提示词：模糊，错误的结构，不良比例。

图3-111 线稿

输入后，调整参数表，选择意向的 Checkpoint、外挂 VAE（色彩模式）、LoRA。

（3）调用 ControlNet 插件

在 Stable Diffusion 的主界面选择文生图功能。调用 ControlNet 插件，插入线稿，点击启用按钮，选择完美像素模式和允许预览，选择 Lineart（线稿）或 Scibble（涂鸦）作为控制类型。你可以尝试不同的控制类型，以获得多样化的效果。

（4）生成效果图

输入描述和调用插件后，点击生成按钮。Stable Diffusion 将根据你的描述生成多张效果图供你选择。生成过程的时间长短取决于描述的复杂程度和系统的处理能力（图 3-112、图 3-113）。

图3-112　生成效果图设置界面

（5）选择和编辑效果图

生成效果图后，你可以选择最符合你需求的效果图。如果需要进一步调整，Stable Diffusion 提供了编辑工具，可以对效果图的细节、颜色等进行微调，以确保最终效果符合设计标准。

图3-113　生成的效果图

调整细节：放大图像进行细节处理，确保建筑元素如窗户、门和材料纹理符合设计要求（图 3-114）。

图3-114　调整细节效果对比图

去除元素：在效果图上减少环境细节，如正面关键词：天空，负面关键词：树，使整体设计更符合设计草图（图3-115、图3-116）。

图3-115　去除元素界面

图3-116　去除元素效果对比图

（6）预览和导出

完成设计后，点击预览按钮，查看建筑效果图的整体效果。确认无误后，点击导出按钮（图 3-117）。

图3-117　最终效果图

借助 Stable Diffusion 的强大功能，从线稿到效果图的转化变得更加高效和创意无限。希望本教程能帮助你在建筑设计领域实现更高的设计水平和商业价值。

3.6.2　老房换新颜，Stable Diffusion 塑造建筑效果图

在建筑改造项目中，将老旧房屋照片转化为现代化效果图是一个关键环节。Stable Diffusion 通过其强大的图像处理能力，可以将老房照片转化为具有现代感的建筑效果图。以下是使用 Stable Diffusion 将老房照片塑造为新颖建筑效果图的详细步骤。

（1）输入设计需求并调整参数

上传照片（图 3-118），输入提示词。正向提示词：乡间别墅，两层楼，木质，文化石，现代风格，当代建筑。

输入后，调整参数表，选择意向的 Checkpoint、外挂 VAE（色彩模式）、LoRA，模型加载时不要点击别的模型。

（2）调用 ControlNet 插件

在 Stable Diffusion 的主界面选择文生图功能。调用 ControlNet 插件，插入照片，点击启用按钮，选择 Depth（深度）或 Scibble（涂鸦）作为控制类型（图 3-119、图 3-120）。你可以尝试不同的控制类型，以获得多样化的效果。

图3-118 老房照片

图3-119 调用ControlNet界面

（3）生成效果图

输入提示词并调用插件后，点击生成按钮。Stable Diffusion 的 AI 将根据你的描述和照片生成多个效果图供你选择。生成时间会因参数选择和系统处理能力而有所不同（图 3-121、图 3-122）。

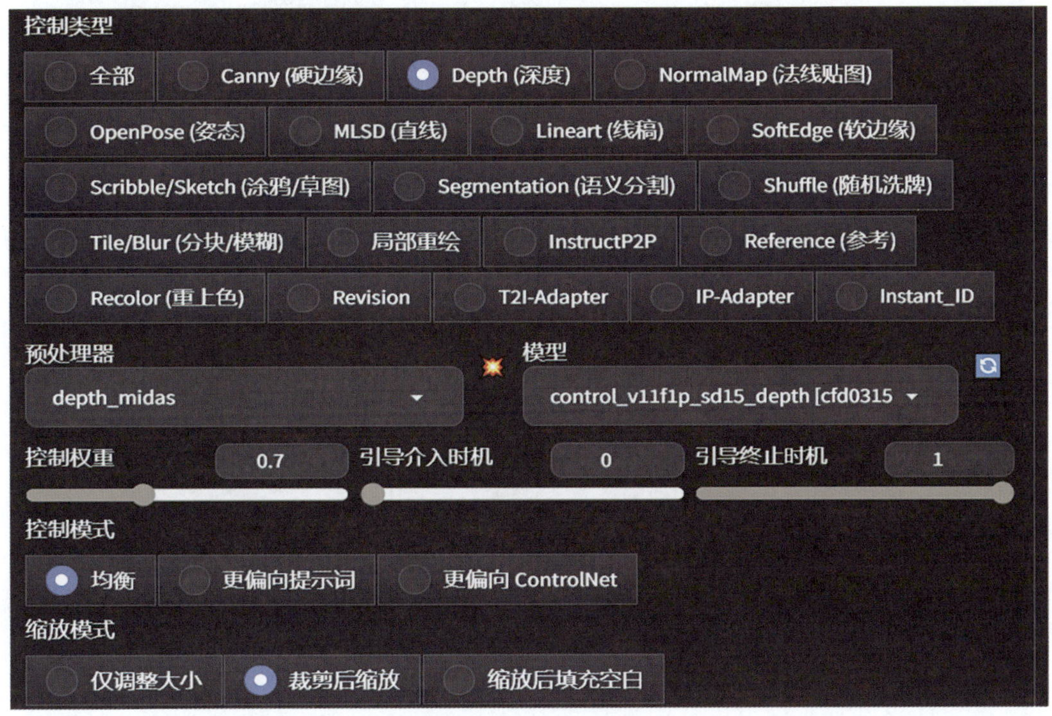

图3-120　参数设置界面

图3-121　生成效果图界面

图3-122 生成的效果图

（4）调整效果图清晰度

生成效果图后，你可以从中选择最符合需求的效果图。如果需要进一步调整，Stable Diffusion 提供了编辑工具，你可以对效果图的细节、颜色等进行微调，以确保最终效果符合设计标准。

若调整清晰度，可以将图发送到图生图，重绘幅度控制在 0.3 ～ 0.5，缩放比例为 4，放大算法根据情况选择 R-ESRGAN 4x+（三次元）/R-ESRGAN 4X+ Anime6B（二次元），勾选启用噪声反转，点击生成（图 3-123）。

（5）预览和导出

完成设计后，点击预览按钮，查看新效果图的整体效果。确认无误后，点击导出按钮。Stable Diffusion 支持多种格式导出，如 PNG、JPG、PDF 等，确保效果图适用于不同的展示和印刷需求（图 3-124）。

利用 Stable Diffusion 将老房照片转化为现代建筑效果图，可以大大提升房屋改造项目的展示效果。希望本教程能帮助你实现设计目标，并在建筑改造领域获得成功。

图3-123　缩放倍数设置界面

图3-124　最终效果图

3.6.3　景观设计新视角：发掘 Stable Diffusion 的另类魅力

在景观设计领域，Stable Diffusion 凭借其强大的图像生成能力，为设计师们提供了一个全新的视角，可以将创意构想转化为引人注目的视觉效果。以下是利用 Stable Diffusion 探索景观设计的另类魅力的详细步骤（模型下载步骤此处不再重复叙述）。

（1）输入设计需求并调整参数

在上传初步设计图（图 3-125）之后，你将进入提示词界面。在文本框中输入你对最终效果图的具体需求（图 3-126）。例如，正向提示词：景观、设计、庭院、灌木丛、灌木、小径、树木、云，最佳质量，明亮的色彩，大胆的配色，以天空为背景，梦幻般的现实主义风格的场景，极致的细节，超高分辨率，高细节，8k 。反向提示词：过度装饰，失真，构图不清晰。调整参数设置。

图3-125 初步设计图

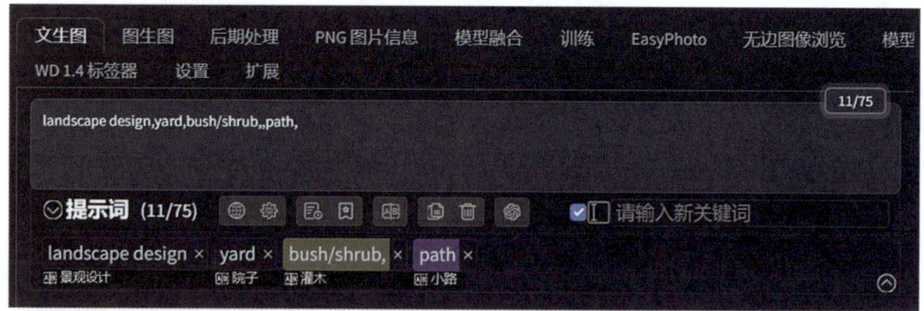

图3-126 输入提示词

（2）调用 ControlNet 插件

在 Stable Diffusion 的主界面选择文生图功能。调用 ControlNet 插件，插入你的照片或者设计图，点击启用按钮，选择 Lineart（线稿）作为控制类型（图 3-127）。

（3）生成效果图

输入提示词和加入模型后，点击生成按钮。Stable Diffusion 的 AI 将根据你的描述和图像生成多个效果图供你选择。生成时间会因描述复杂程度和系统处理能力而有

图3-127　调用ControlNet插件

所不同（图 3-128、图 3-129）。

（4）预览和导出

完成设计后，点击预览按钮，查看景观效果图的整体效果。确认无误后，点击导出按钮。Stable Diffusion 支持多种格式导出，如 PNG、JPG、PDF 等，确保效果图适用于不同的展示和印刷需求（图 3-130）。

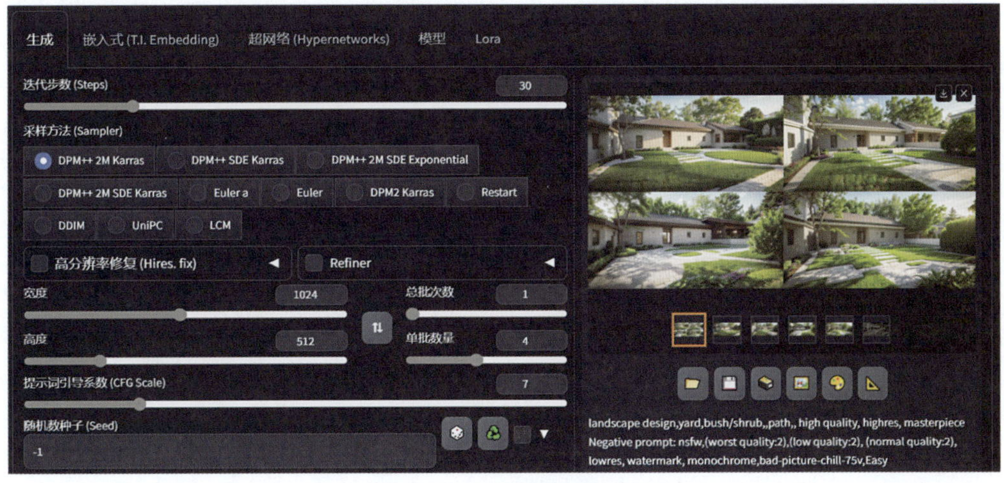

图3-128　生成效果图界面

图3-129 生成的效果图

图3-130 最终效果图

利用 Stable Diffusion 的图像生成能力，景观设计师可以更轻松地探索和实现独特的设计创意。希望本教程能帮助你在景观设计领域发现新的可能性，提升设计效果。

3.7 时尚和实用兼得：Stable Diffusion在产品设计中的实战演练

3.7.1 服装设计灵感大集合：如何好好整理你的创意

在服装设计领域，Stable Diffusion 为设计师提供了一种创新的方式，将创意构想转化为引人注目的视觉效果。以下是如何利用 Stable Diffusion 整理和实现你的服装设计灵感。

（1）准备素材与模型

准备好基础款式图和灵感图案（图 3-131），选择符合你需求的大模型。下载适合的模型时，注意文件大小，确保计算机有足够的存储空间。模型文件拷贝及模型导入此处不再重复叙述。

图3-131　基础款式图和灵感图案

（2）输入设计需求并调整参数

在 Stable Diffusion 的主界面，选择文生图功能。在上传草图或参考图之后，你将进入提示词界面。在文本框中输入你对最终效果图的具体需求。例如，正向提示词：彩色服装，长裙，独特的剪裁、前卫的色彩搭配，清晰面料纹理，时尚，高分辨率，8k。反向提示词：过时的风格、模糊、低质量。

调整参数设置，选择意向的 Checkpoint（时尚细节模型），模型需选择真实类的。

（3）设置 ContorlNet

为了保持衣服的形状，我们还可以点击 ControlNet。在 ControlNet 单元 0 区域上传服装基础款式图片，勾选启用、完美像素模式、允许预览按钮，控制类型区域需要点击 Canny（硬边缘），预处理器可选 Canny，模型选择 control_v11p_sd15_canny-fp16 [b18e0966]，其他区域不变。最后点击“爆炸”图形按钮来查看。

为了添加灵感图案，我们还可以点击 ControlNet。在 ControlNet 单元 1 区域上传灵感图案，勾选启用、完美像素模式、允许预览按钮，控制类型区域需要点击 IP-

Adapter，预处理器选择 ip adapter_clip_sd15，模型选择 ip-adapter_sd15_plus[32cd8f7f]，其他区域不变。最后点击“爆炸”图形按钮来查看。

（4）生成效果图

输入描述和选择模型后，点击生成按钮。Stable Diffusion 的 AI 将根据你的描述和草图生成多个效果图供你选择。生成时间会因描述复杂程度和系统处理能力而有所不同（图 3-132、图 3-133）。

在保留基础款式图的情况下替换灵感图案也可得到意想不到的效果（图 3-134、图 3-135）。

利用 Stable Diffusion 的图像生成能力，服装设计师可以更高效地整理和实现设计创意，引领时尚设计的新潮流。希望本教程能帮助你在服装设计领域发现新的灵感，创造出令人惊艳的设计效果。

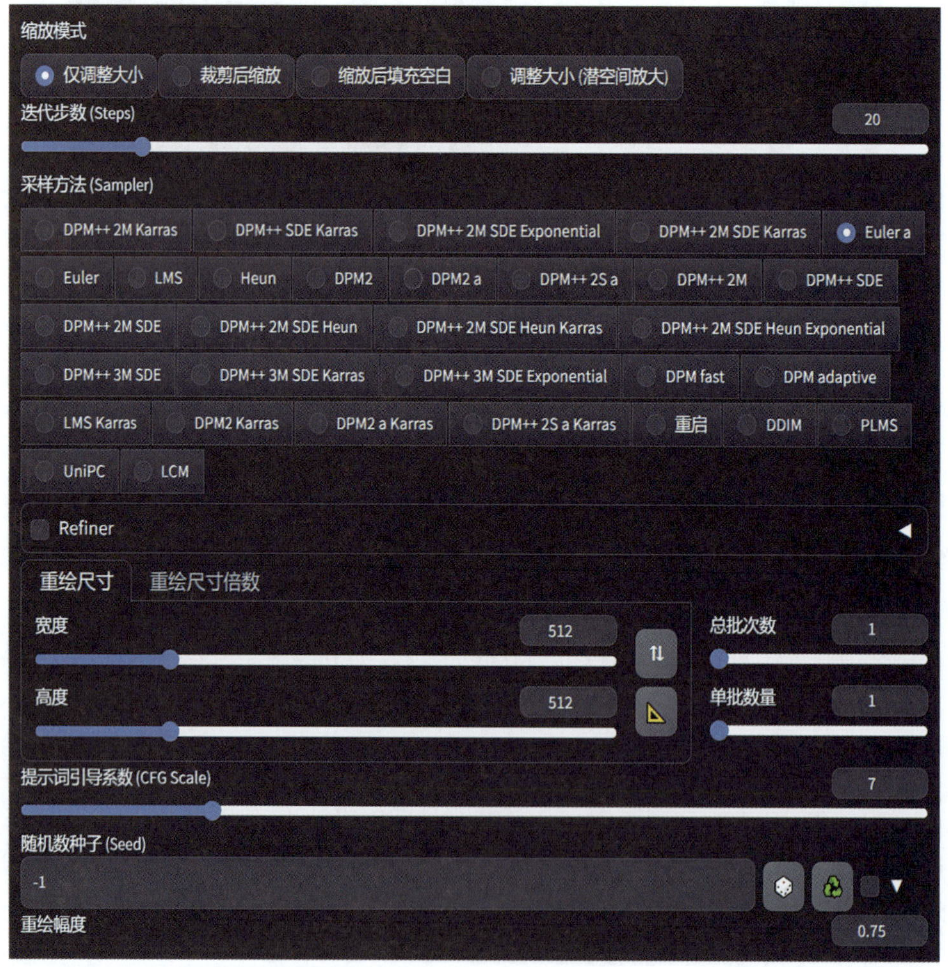

图3-132　生成效果图参数设置界面

图3-133　生成的效果图

图3-134　替换图案及生成的效果图（一）

图3-135　替换图案及生成的效果图（二）

3.7.2 汽车设计从这里开始：引领新潮流

在汽车设计领域，Stable Diffusion 为设计师提供了一个强大的工具，将创意构想转化为引人注目的视觉效果。以下是利用 Stable Diffusion 探索和实现汽车设计的详细步骤。

（1）准备素材与模型

准备好基础款式图和灵感图案，汽车草图有三种获得方式，常规情况下是通过手绘与资料查询获得，若手绘与网络查询的图均不达到草图标准，可通过 AI 生成（图 3-136）。

图3-136　AI生成的汽车草图

选择符合你需求的大模型。下载适合的模型时，注意文件大小，确保计算机有足够的存储空间。模型文件拷贝及模型导入此处不再重复叙述。

（2）输入设计需求并调整参数

在文本框中输入你对最终效果图的具体需求。例如，正向提示词：跑车，流线型车身、创新的前灯设计、高科技，大胆的配色，高清分辨率，8k。反向提示词：过时的设计、模糊、复古。

调整参数设置，选择意向的 Checkpoint（汽车设计模型）、外挂 VAE（高对比度色彩）、LoRA（细节增强），LoRA 可选择多个。

（3）调用 ControlNet 插件

在 Stable Diffusion 的主界面选择文生图功能。点击 ControlNet。在 ControlNet 单元 0 区域上传汽车手绘稿图片，勾选启用、完美像素模式、允许预览按钮，控制类型区域需要点击 Lineart（线稿），预处理器可选 lineart_standard（from white bg & black line），模型选择 control_v11p_sd15_lineart [43d4be0d]，其他区域不变。最后点击“爆炸”图形按钮来查看。

（4）生成效果图

输入描述和选择模型后，点击生成按钮。Stable Diffusion 的 AI 将根据你的描述和草图生成多个效果图供你选择（图 3-137）。生成时间会因描述复杂程度和系统处理能力而有所不同。

图3-137　生成的效果图

（5）选择和编辑效果图

生成效果图后，你可以从多个选项中选择最符合需求的图像。如果需要进一步调整，Stable Diffusion 提供了编辑工具，你可以对效果图的细节、颜色等进行微调，以确保最终效果符合设计标准。

调整颜色：局部区域颜色想再次调整，可以使用 ControlNet 工具。选择文生图功能。点击 ControlNet，在 ControlNet 单元 0 区域上传汽车效果图，勾选启用、完美像素模式、允许预览按钮，控制类型区域需要点击全部，预处理器选择 inpaint_only，模型选择 control_v11p_sd15_canny [d14c016b]。用图像画笔工具涂鸦车轮胎，其他区域不变。最后点击“爆炸”图形按钮来查看（图 3-138）。

图3-138　调整颜色操作界面

再开 ControlNet 单元 1 区域来提取线稿，勾选启用、完美像素模式、允许预览按钮，控制类型区域需要点击 Lineart（线稿），预处理器选 lineart_standard（from white bg & black line），模型选择 control_vllp_sd15_lineart[43d4be0d]，其他区域不变。最后点击“爆炸”图形按钮来查看。

提示词调整：蓝色车轮胎，蓝色，流线型，高科技，高清分辨率，8k。点击开始生成。

（6）预览和导出

完成设计后，点击预览按钮，查看汽车效果图的整体效果。确认无误后，点击导出按钮。Stable Diffusion 支持多种格式导出，如 PNG、JPG、PDF 等，确保效果图适用于不同的展示和印刷需求（图 3-139）。

利用 Stable Diffusion 的图像生成能力，汽车设计师可以更加高效地实现创新设计，引领汽车设计的新潮流。希望本教程能帮助你在汽车设计领域发现新的灵感，创造出引领潮流的设计效果。

图3-139　最终效果图

3.7.3　工业产品设计不再难：一起探索新的可能

在工业产品设计领域，Stable Diffusion 凭借其先进的图像生成技术，为设计师们开辟了一条创新之路，可以将创意构想转化为引人注目的视觉效果。以下是利用 Stable Diffusion 探索工业产品设计的新可能的详细步骤。

（1）输入设计需求并调整参数

在文本框中输入你对最终效果图的具体需求。例如，正向提示词：精致瓶身，优雅的设计，透明玻璃，流线型瓶盖，细致的雕刻，现代感，精美的展示台，奢华的陈列环境，高分辨率，8k。反向提示词：粗糙的外观、过时的设计、塑料感、模糊、低质量。

调整参数设置，选择意向的 Checkpoint（工业设计模型）、外挂 VAE（材质细节）、LoRA（功能增强）。

（2）模型选择与下载

选择符合你需求的大模型。下载适合的模型时，注意文件大小，确保计算机有足够的存储空间。模型文件拷贝和模型导入此处不再重复叙述。

（3）生成效果图

输入提示词和选择模型后，点击生成按钮。Stable Diffusion 将根据你的描述生成多个效果图供你选择。最终生成时间会因描述复杂程度和系统处理能力而有所不同（图 3-140）。

图3-140　生成的效果图

（4）选择和编辑效果图

生成效果图后，你可以从多个选项中选择最符合需求的图像。如果需要进一步调整，Stable Diffusion 提供了编辑工具，你可以对效果图的细节、颜色等进行微调，以确保最终效果符合设计标准。

局部调整：使用局部涂鸦工具，对背景区域进行涂鸦和参数调整，以优化细节（图 3-141）。

（5）预览和导出

完成设计后，点击预览按钮，查看工业产品效果图的整体效果。确认无误后，点击导出按钮。Stable Diffusion 支持多种格式导出，如 PNG、JPG、PDF 等，确保效果图适用于不同的展示和印刷需求（图 3-142）。

利用 Stable Diffusion 的图像生成能力，工业设计师可以更加高效地实现创新设计，引领工业产品设计的新潮流。希望本教程能帮助你在工业产品设计领域发现新的灵感，创造出具有突破性的设计效果。

图3-141　局部调整界面

图3-142　最终效果图

3.8 电商新动力：Stable Diffusion在电商领域的创新应用

在现代电商领域，产品图片的质量和多样性对销售效果有至关重要的影响。消费者在网上购物时，无法直接接触实物，对商品的认知和购买欲望很大程度上依赖于视觉呈现。高质量的产品图片不仅可以吸引消费者的注意，还能增强他们的信任感。然而，传统的产品拍摄和后期处理过程不仅耗时长、成本高，而且需要大量的专业技能和设备支持，对中小型电商企业来说，这是一个不小的挑战。

随着人工智能技术的发展，图像生成和处理领域迎来了革命性的进步。Stable Diffusion 作为其中的佼佼者，以其卓越的图像生成和处理能力，正在改变电商行业的游戏规则。这一技术不仅可以大幅提升产品图片的质量和多样性，还能帮助电商企业显著降低成本、节省时间，并为消费者提供更丰富的视觉体验。

本节将深入探讨 Stable Diffusion 在电商领域的创新应用，展示其在虚拟模特生成、风格迁移、多场景展示以及快速生成高质量图片等方面的强大功能。通过实际案例分析和详细的技术解读，我们将揭示 Stable Diffusion 如何成为电商企业的新动力，助力它们在激烈的市场竞争中脱颖而出。

3.8.1 虚拟模特，真实利润：Stable Diffusion 引领电商新时代

你是否也经常看到各种关于 AI 虚拟模特的报道，这些模特究竟是虚拟的还是真实的呢？请看以下两张图片（图 3-143、图 3-144）

俗话说“假的真不了，真的假不了”，我们眼见为实。现在，让我们一起来给 AI 虚拟模特穿上服装。

这个过程并不复杂：首先是处理图片，然后在 Stable Diffusion 中生成初稿，最后对图片进行优化。下面以一张萝莉裙的图片为例进行演示。

（1）处理图片

处理图片的目的是去除衣服以外的部分并制作蒙版。因此，原图需要尽可能清晰，抠图操作也要尽量精细，方便后续使用。我们只需使用常见的图片编辑器，如 Photoshop。在 Photoshop 中使用相关工具设置萝莉裙的白底图与黑色蒙版图。

图3-143　图片（一）

图3-144　图片（二）

（2）图生图绘制初稿

接下来，我们可以在 Stable Diffusion 中绘制图片的初稿。这次我们选择的参考图片是一件萝莉裙，但需要绘制出真实模特穿着这件裙子的效果，图片内容大概是一位女孩穿着萝莉裙的样子。

基于这个需求，我们来设置模型和文本提示。首先，我们需要使用一个偏向真实人物的 Checkpoint 底模模型，我选择了 Chillout 模型。除此之外，还可以搭配一个 lolita_dress 的 LoRA 模型进行优化。然后，输入描述画面内容的正向（如：最佳质量、高细节、彩色照片、专业摄影、微笑、看着观众、萝莉塔连衣裙等）和反向提示词（如：低质量、水印、素描等），接着往下设置局部重绘。

上传参考图片及其蒙版，并点选潜空间噪声（图 3-145）。

图3-145　上传参考图并点选潜空间噪声界面

（3）设置绘图参数

选择 DPM++ SDE Karras 作为采样器，迭代步数设置为 30。图片尺寸保持与上传的模特衣服原图一致，因此高度设置为 768，其余参数保持默认即可（图 3-146）。

（4）设置 ControlNet

为了保持衣服的形状，我们还可以添加一个 ControlNet，并使用 Canny（硬边缘）来勾勒出衣服的轮廓。首先需要上传已经抠好的衣服图片，然后在预处理器栏中选择 Canny（硬边缘）。其他设置一般保持默认即可。

接着，点击生成按钮开始处理。不过要有心理准备，一次性生成理想的效果图可能比较困难，需要多次尝试和调整。经过反复生成与挑选，我最终选择这张图（图 3-147）。

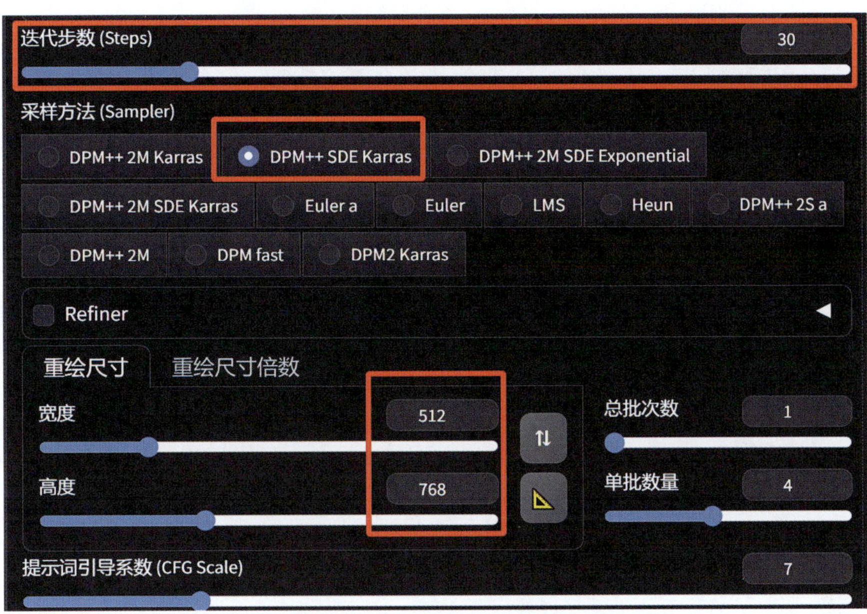

图3-146　设置绘图参数界面

图3-147　生成的效果图

在这一小节中，我们深入探讨了如何利用 Stable Diffusion 技术生成虚拟模特图，并将其应用于电商行业。通过具体的案例解说，我们展示了这种技术如何帮助商家降低成本、提高效率，同时还能提升用户体验。虚拟模特不仅可以替代传统的拍摄流程，还能根据需求进行灵活调整，让产品展示更加生动多样。 Stable Diffusion 不仅是一个技术工具，更是引领电商新时代的利器。它为我们打开了一扇通往未来的门，让虚拟与现实更加紧密地结合在一起。希望通过本小节的学习，你能够掌握这项技术的基本应用，为你的电商业务带来实实在在的利润增长。准备好迎接这个虚拟与现实交织的新时代了吗？让我们一起迈向更加智能、高效的电商未来吧！

3.8.2 换个风格，换个心情：Stable Diffusion 的风格转换，设计的无限可能

在本小节中，我们将深入了解 Stable Diffusion 的一项强大功能——风格迁移。风格迁移可以将照片转换为其他风格，让我们在设计领域探索无限的可能。通过一个具体案例，我们将展示如何将一张真人风格的照片变成赛博朋克风格的艺术作品。

相信大家在各种短视频平台上已经见过类似的内容：随着动感音乐的节拍，照片上的人物和背景瞬间变成了赛博朋克风格，效果非常酷炫（图 3-148）。今天，我们就来揭开这种神奇转换背后的技术原理，一步步实现赛博朋克风格的转变。

图3-148 不同风格照片对比图

那么，这样的案例究竟是如何实现的呢？现在，让我们一起深入学习如何通过 Stable Diffusion 实现赛博朋克风格的迁移。在正式展示具体案例之前，我们先来了解

一下这种风格转换的技术原理。

在这个过程中，我们主要用到了 Stable Diffusion 中的三种功能：局部重绘、LoRA 和 ControlNet。大家在前面的章节中已经对局部重绘和 ControlNet 有所了解，那么这个 LoRA 又是什么呢（图 3-149）？

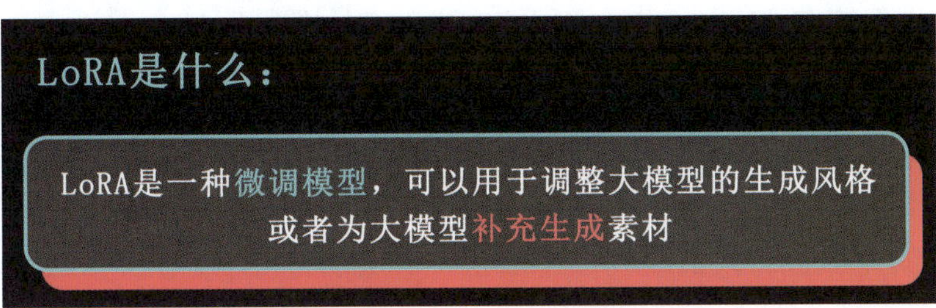

图3-149 LoRA是什么

我们常听到大模型这个术语，而 LoRA 则是一种小模型，或者称为微调模型，它可以用来补充大模型的生成素材。那么，这句话具体怎么理解呢？

用户在使用 Stable Diffusion 时，左上角就是大模型。它已经能够生成许多不同风格的图片。为了保证泛用性，这些大模型会利用成千上万的素材进行训练，使用户在输入提示词后可以得到各种不同的画面。然而，世界上的艺术风格实在太多了，大模型在追求广泛适用性时，生成的图片难免缺乏某些特定风格的精细度和特色。

这就引出了一些问题：**在特定场景下，生成的图像可能不够精致和独特。例如，尽管大模型也能生成赛博朋克风格的画面，但效果往往一般，缺乏细腻度和独特性。从图 3-150 就能看到使用大模型生成的赛博朋克风格的图，效果虽然还可以，但显然不够精致。**

图3-150 大模型生成的赛博朋克风格的效果图

这时候就需要用到 LoRA。简单来说，LoRA 就像是一种特定场景下的“小抄”。当大模型无法精准绘制出赛博朋克风格时，搭配赛博朋克风格的 LoRA 就能生成精致美观的赛博朋克风格的图片了。

可能有读者会问：为什么不直接训练一个专门用于生成赛博朋克风格的大模型，这样不就更方便了吗？事实上，大模型之所以“大”，是因为它们的容量通常少则2GB，多则7GB。如果每种风格都要用大模型来承载，普通电脑根本无法装下这么多的大模型。而一个LoRA通常只有一百多MB，体积小得多。你只需要一个泛用的大模型，再搭配特定风格的LoRA，就能生成满意的图片了。

因此，在实际使用Stable Diffusion时，我们只需要下载几款常用的大模型，再配合几十个不同风格的LoRA，就可以大大强化生成效果。

看到这里，大家一定很想知道，这么强大的LoRA到底该如何使用？接下来，我将结合赛博朋克风格转换的案例，详细讲解LoRA的使用方法，以及如何在Stable Diffusion中生成赛博朋克风格的图片。

（1）导入产品图

首先，选择一张清晰的产品照片作为基础素材，这是我们进行风格转换的起点。这里我以一张汽车摄影图为例（图3-151），将这张图导入Stable Diffusion的局部重绘区域。接下来，我们对照片中的某些部分进行调整和细化。比如，如果我们想将汽车转换为赛博朋克风格，就可以先将汽车的部分涂抹掉。

图3-151　汽车摄影图

（2）设置参数

基本参数可以维持默认设置。在这里，我将迭代步数提高到了30，并且保持尺寸与原图一致。重绘幅度可以设定在0.5～1，数值越大，重绘的幅度也越大。需要特别提醒的是：重绘幅度过大，可能会导致图像失真或破坏原图效果。

接下来，我们需要打开 ControlNet 辅助。不需要再上传图片，点击启用，选择 Tile 控制模式，这个时候，Stable Diffusion 会以重绘的图片作为 ControlNet 的参考图，而 Tile 模式则会在尽量维持原图不变的情况下，帮助修改细节，做到赛博朋克风格化。

接下来，我们需要处理提示词部分。输入有关赛博朋克风格化汽车的相关描述，并加载对应的 LoRA。请特别注意，提示词中一定要包含赛博朋克 LoRA 的触发关键词。然后，点击生成，开始创建赛博朋克风格的图像（图 3-152）。

如果你觉得当前的赛博朋克风格汽车变化不够明显，还可以继续添加更多与赛博朋克相关的提示词，并加大重绘幅度。反复调整，直到你对效果满意为止（图 3-153）。

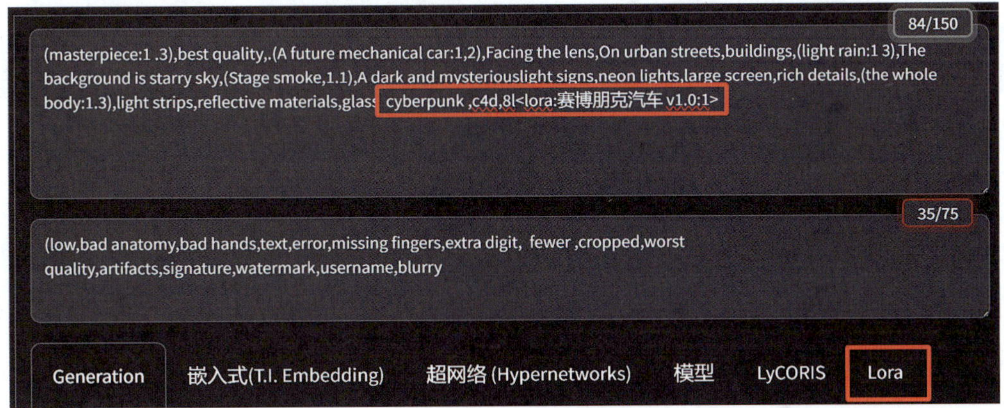

图3-152 输入提示词界面

图3-153 生成的效果图

（3）训练 LoRA

除了对汽车等产品进行风格转换，我们同样可以对其他类型的物体进行赛博朋克化处理，如建筑和人物照片等。LoRA 不仅支持赛博朋克风格，还可以生成更多风格的图片（图 3-154、图 3-155）。

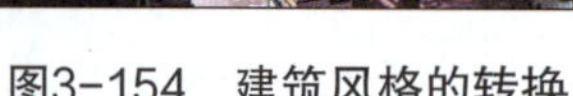

图3-154　建筑风格的转换

图3-155　其他风格的LoRA

Stable Diffusion 的风格迁移功能让我们可以轻松地将产品图片转换为其他艺术风格。无论你喜欢赛博朋克的炫酷、复古风的怀旧，还是油画的厚重质感，这一切都变得触手可及。风格转换不仅为个人创作带来了更多可能，也为商业设计开辟了新的天地。

希望通过本小节的学习，你能够掌握这项强大的工具，为你的设计作品注入更多创意和灵感。准备好换个风格、换个心情了吗？让我们一起尽情探索设计的无限可能吧！

3.8.3　随处可放：Stable Diffusion 让你的产品适应任何场景

在产品设计和展示领域，Stable Diffusion 提供了一个强大的工具，可以帮助设计师将产品置于各种不同的场景中。以下是利用 Stable Diffusion 将产品置于不同场景的详细步骤。

（1）准备产品图像

准备好产品的基础图像和不同场景的参考图像。使用 Photoshop 对产品图像进行抠图处理，以确保产品图像的背景透明，便于在不同场景中进行适配。以下是用 Photoshop 抠图的步骤：

打开 Photoshop，导入你的产品图像。

使用“快速选择工具”或“钢笔工具”选择产品区域。钢笔工具抠图多应用于需要精准抠图且边缘光滑、弯曲、有硬边的图片。

将路径转换为选区：右击，选择建立选区，然后按下 Ctrl+J 快捷键便可获得无背景产品图。

（2）下载模型

选择合适的 Stable Diffusion 模型。下载适合的模型时，请注意文件大小，并确保计算机有足够的存储空间。模型文件拷贝及模型导入此处不再重复叙述。

（3）输入场景需求并调整参数

在文本框中输入你对最终效果图的具体需求。例如，正向提示词：一个瓶子放置在青苔上，周围有绿叶、草、树枝、灌木、小石头，单一的背景，逼真，摄影，工作室拍摄，阳光，清晰，高细节。反向提示词：虚假、不真实、绘画、线条、低质量、低分辨率、模糊、不清楚。

调整参数设置，选择意向的 Checkpoint（场景适配模型），迭代步数（Steps）选 20，采样方法（Sampler）选 DPM++ 2M Karras。其他参数根据自己需求而定。

（4）设置 ControlNet

为了确保产品与场景的匹配，可以点击 ControlNet。在 ControlNet 单元 0 区域上传产品图像，目的是垫图，让 Stable Diffusion 按照样图的轮廓进行优化和创作，实现我们添加场景的目的。勾选启用、完美像素模式、允许预览按钮，控制类型选择 Canny（硬边缘），预处理器选择 canny，模型选择 control_v11p_sd15_canny [d14c016b]，通过线稿来控制图片生成的内容，这样就能让我们的产出图变化不至于太大，其他设置保持默认，最后点击“爆炸”图形按钮查看效果。

若发现生成的图片里面产品与原产品偏差较大，可调整控制权重，权重越大，相似度越大，反之越小（图 3-156）。

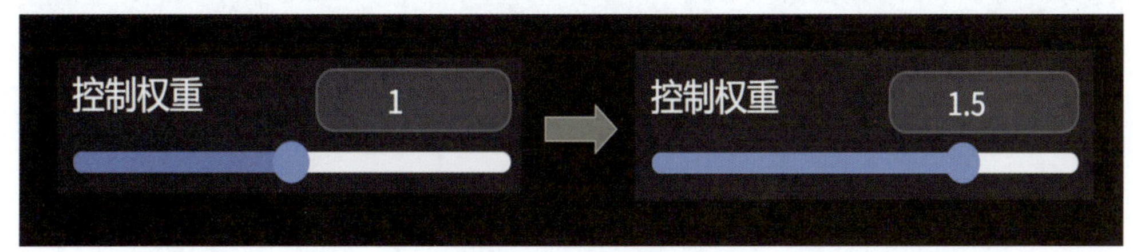

图3-156 调整控制权重

调整后出来的图中的产品变化小了点，但是如果还是想 1 ∶ 1 还原产品，这个时候可以先选出最满意的一张背景图（图 3-157）。

保存后，使用 Photoshop 对产品图像进行抠图处理，以确保产品图像的背景透明，便于在不同场景中进行适配。

图3-157 最满意的背景图

打开 Photoshop，导入你替换过背景的产品图和之前抠好的产品 PNG 图，将产品 PNG 图放到替换过背景的产品图上面。也可以把喜欢的素材内容一起放进去（图 3-158）。

图3-158 替换产品并加入喜欢的素材

（5）再次生成效果图

P 进去的素材可能会有点生硬与不自然，如果需要进一步调整，可以把 P 完的图片再次放到 Stable Diffusion 里面，然后选择图生图功能，复制之前的关键词，使用局部重绘工具，涂鸦产品，点击重绘非蒙版区域，其他参数按照之前的调整。完成调整后，点击生成按钮。生成效果图后，你可以从多个选项中选择最符合需求的图像。

确认无误后，点击导出按钮。Stable Diffusion 支持多种格式导出，如 PNG、JPG、PDF 等，确保效果图满足不同的展示和营销需求（图 3-159）。

图3-159 最终效果图

通过 Stable Diffusion 的图像生成能力，设计师可以更高效地将产品置于各种场景中，提升产品展示的真实感和吸引力。希望本教程能帮助你在产品设计领域中探索更多可能，创造出令人满意的设计效果。

AI生成视频指南

4.1 AI生成视频概述

4.1.1 AI 生成视频的原理

学习 AI 生成视频之前，我们可以简单了解一下这个过程。与 AI 生成图像与音频类似，AI 生成视频也依赖于机器学习和深度学习技术进行模仿和产出。这个过程大致可以分为四个步骤：

步骤一：数据学习。需要有大量的视频数据供 AI 模型学习。这些数据帮助 AI 理解视频内容结构、风格和动态变化等，以便后续在生成过程中使用。

步骤二：模型训练。通过训练，AI 模型能够从输入数据中提取视频的特征和模式。视频生成时会涉及场景组成、颜色使用、物体动作等方面的相关信息。

步骤三：内容生成。训练一旦完成，AI 模型就可以基于文本描述、图像或者模型自身的创意生成新的视频内容。

步骤四：迭代优化。生成的视频内容可以进一步通过用户反馈或自动化评估进行优化，以提高质量和相关性。

通过这四个步骤，AI 就能根据我们的需求创作出视频内容了。这种视频制作方式逐渐在电影、广告的制作，教育培训行业普及开来，也有利于普通人在社交媒体上自由创作，例如运营自己的短视频账号。

4.1.2 AI 生成视频的应用场景

AI 生成视频可以极大地降低制作成本、缩短制作周期，这为它应用于各个领域奠定了基础。下面将在划分行业的基础上进一步介绍 AI 生成视频是如何融入不同行业之中，如何发挥其创造性的。

（1）娱乐、媒体行业

AI 生成视频技术在电影、广告、动画和游戏中得到了广泛应用。这些行业对高质量、创新性的视频内容有着巨大需求，而 AI 生成视频能够提供新的创意和制作方式。

例如：AI 生成剧本、AI 生成解说文案、AI 改写字幕、AI 制作特效、AI 根据歌曲制作 MV……

（2）教育行业

在教育领域，AI 生成视频被用于创建可互动和个性化的学习内容，有利于学生进行远程学习。

例如：AI 虚拟教师，AI 生成个性化教学资源，AI 模拟场景进行训练（医学、机械）……

（3）商业与市场营销领域

AI 生成视频在商业和市场营销领域的应用主要围绕产品的展示。

例如：AI 生成视频展示产品的各种功能和使用场景、分析消费者的数据后生成个性化的广告视频促进消费……

（4）社交媒体与内容创作

AI 生成视频简化了自由创作者产出视频的过程，增加了内容的丰富性，提供了更多创意。

例如：AI 工具增强内容的视觉效果和互动性、AI 自动剪辑和生成视频内容……

（5）健康与心理治疗

AI 生成视频的技术能够让心理治疗具体化，提供了更加情景化的治疗场所。

例如，AI 生成的场景用于心理治疗和康复训练、虚拟现实疗法帮助患者缓解焦虑和压力……

如今，AI 技术仍在势如破竹地发展，能够涉足的领域也会越来越多。接下来，我们将会介绍国内外主流的 AI 视频创作工具，以便大家了解各平台的特点，在使用时加以选择。

4.1.3　主流工具

AI 创作视频技术已经在多个领域得到广泛应用，并且有很多优秀的工具可供选择。以下是一些主流的 AI 视频创作工具，它们各自具有独特的功能和优势。

（1）国外主流工具

Pika：Pika 是由 Pika Labs 推出的一款软件。这款软件可以创建和编辑多种风格的视频，如 3D 动画、二次元动漫和电影等。比较突出的功能有：

①文本或图像转视频：你可以通过简短的文本或图像输入，让 Pika 生成高质量视频。

②局部编辑：如果你对生成视频的背景、人物衣着等元素不满意，可以作局部修改和重绘。

③ AI 视频编辑：用智能算法分析和编辑生成视频，自动作颜色调整和智能裁

剪，切换多种不同的视频风格。

Runway：Runway 是一个由纽约 Runway 公司开发的基于人工智能的工具集合。除了视频生成、视频编辑，其还允许用户对 AI 模型进行新风格、概念和数据集的培训，这意味着其可以为特定需求定制。Runway 还与各种创意应用程序（如 Photoshop、Premiere、After Effects、Figma 和 Canva）集成，能够为开发者提供 Python 和 NodeJS 等编码平台插件。

Luma：Luma AI 专注于 3D 内容生成技术。该公司的核心技术是 NeRF（Neural Radiance Fields），即神经辐射场，这是一种三维重建技术，可以通过少量照片生成、着色和渲染逼真的 3D 模型。Luma 支持文生视频、图生视频，生成速度快。它提供了一系列工具，包括适用于 iOS 的 Fields Editor、Imagine 3D 网页应用和 Luma Unreal Engine，使其适用于从游戏到电子商务的广泛应用。

（2）国内主流工具

PixVerse：PixVerse 是一款由国人团队研发的 AI 视频工具。它将多模态输入如图像、文本和音频快速转化为高质量的视频内容，大大简化了视频制作的过程。同时它也凭借其智能识别与编辑、实时预览与调整的特点，为用户提供了简单、高效、智能的视频编辑体验。

可灵 AI：可灵大模型（Kling）是由快手大模型团队自研打造的 AI 视频生成大模型，旨在提供高质量的视频生成能力，让用户可以轻松高效地完成艺术视频创作。可灵大模型采用 3D 时空联合注意力机制，能够生成分辨率高达 1080p、时长最长为 2 分钟（帧率 30fps）的视频。

剪映：一款由字节跳动旗下公司开发的影片剪辑软件，基本面向抖音平台使用者，并兼容 iOS、安卓、Windows、Mac OS 等系统。支持文字转视频、自动生成字幕、自动添加旁白和解说与智能编辑。

既然目前有这么多可以使用的工具，以及相对成熟的技术，那为什么没有看到其大规模投入商业使用的案例呢？这是因为目前的 AI 视频工具还有一些问题没有解决。

4.1.4 AI 视频生成工具存在的问题

AI 生成视频目前仍没有完全取代传统视频制作，因为它还存在以下局限性。

（1）控制性比较弱

AI 生成视频工具通常通过预设的模板和自动化算法来生成视频内容，这在一定程度上限制了用户对视频细节的控制。用户无法对每个场景、每个过渡效果以及每个动画的精确参数进行手动调整，只能依赖工具提供的选项进行设置，所以很难进行精细调整。

（2）动作准确性差

AI生成的视频通常依赖于算法自动生成的动画和动作，这些动作的准确性和自然度可能不如手工制作的视频。动作不准确会导致视频中的角色或物体显得僵硬、不自然，影响观众的观感。在生成复杂场景时，AI算法可能会出现错误的动作生成，例如人物走路姿势不自然、物体移动路径不合理等。

（3）生成视频时长较短

目前大多数AI视频生成工具更适合生成短视频内容，通常为几秒到几分钟不等。对于需要生成长视频的人来说，工具的表现可能不尽如人意。生成长时间的视频需要更多的计算资源和更复杂的算法，这对现有的AI技术提出了更高的挑战。

可见，虽然AI视频生成工具可以提高视频创作的效率，降低时间和人力成本，但也存在一些无法忽视的问题。作为用户，我们在使用这些工具时需要根据具体需求选择合适的工具，并进行反复地调整和优化，以弥补这些不足，确保最终视频的质量和效果。

4.2 可灵AI应用：文生视频、图生视频

4.2.1　可灵AI基础介绍

（1）如何注册

初次登陆的用户可以点击右上角的登录按钮。

可灵AI提供两种登录方式，第一种手机登录，第二种使用快手扫码登录。登录可灵AI官网后，才能解锁更多功能。

（2）可灵货币——灵感值

在可灵AI里，灵感值是其通用货币。无论是AI图片还是AI视频，每次使用都会消耗灵感值。

灵感值的获得途径有3种：

①免费获取：每日登陆获取或参加平台举办的活动获取。

②订阅获取：会员订阅生效后，灵感值会按照周期发放。

③充值获取：付费购买灵感值。

（3）界面及功能介绍

可灵 AI 具备两大功能：AI 图片、AI 视频。

我们可以直接点击官网界面的交互图标进入对应的功能界面，也可以点击左侧功能栏里的功能图标进入对应的功能界面，如图 4-1 所示。

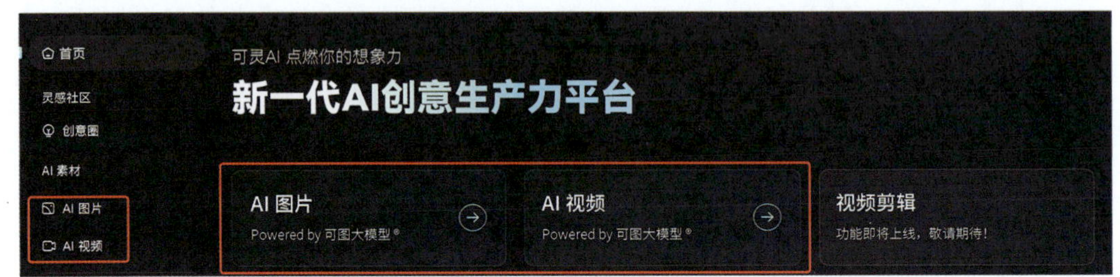

图4-1 可灵AI功能界面

首先是 AI 图片。界面分为 3 大区域，分别是左侧的操作区、中间的出图区以及右边的历史素材区，如图 4-2 所示。

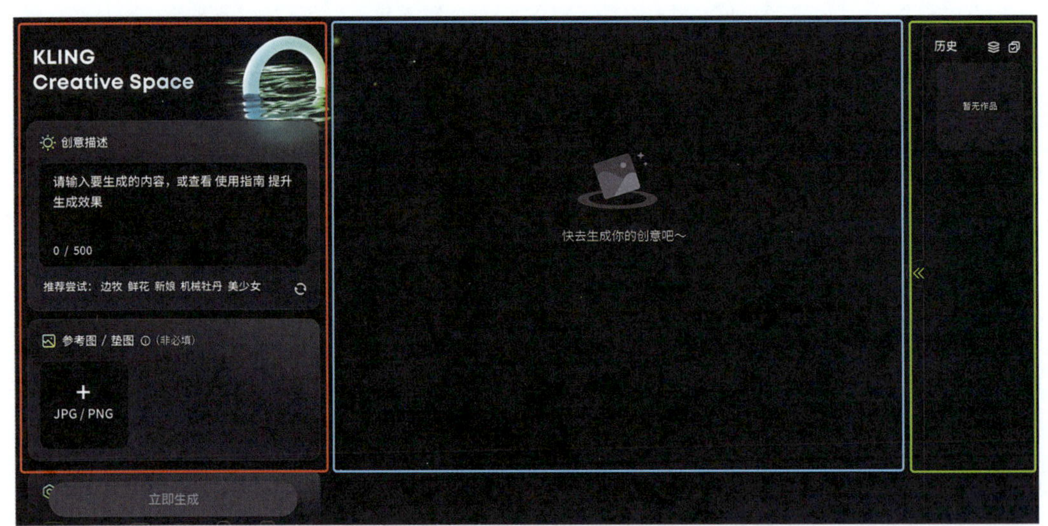

图4-2 AI图片界面

其中操作区又分为创意描述区——输入图片提示词、参考图区——提供参考图、参数区——设置出图尺寸及出图数量，如图 4-3 所示。

其次是 AI 视频。功能包括文生视频及图生视频两种。AI 视频的整个界面同样分为左侧的操作区、中间的出视频区以及右边的历史素材区，如图 4-4 所示。

在文生视频功能里，可以在创意描述中输入提示词，可灵大模型将根据文本内容生成 5s 或 10s 视频，将文字转变为视频画面。

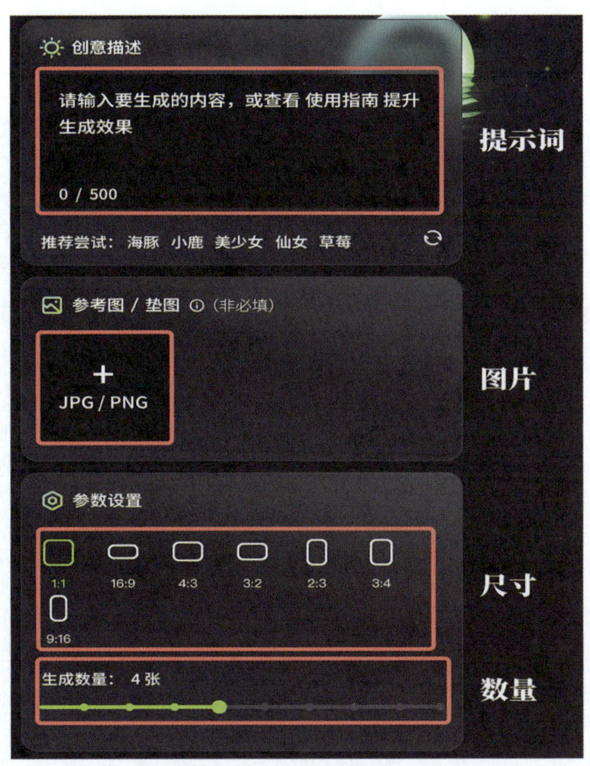

图4-3　AI图片的操作区

图4-4　AI视频界面

在参数设置中，创意想象力越高，可灵 AI 自由发挥的程度越高；创意相关性越高，生成的视频越接近提示词。选择标准模式则生成速度更快，选择高品质模式则生成视频质量更高。可灵 AI 同时提供 2 种（5s、10s）时长的视频生成及 3 种（16：9、9：16、1：1）视频比例，如图 4-5 所示。

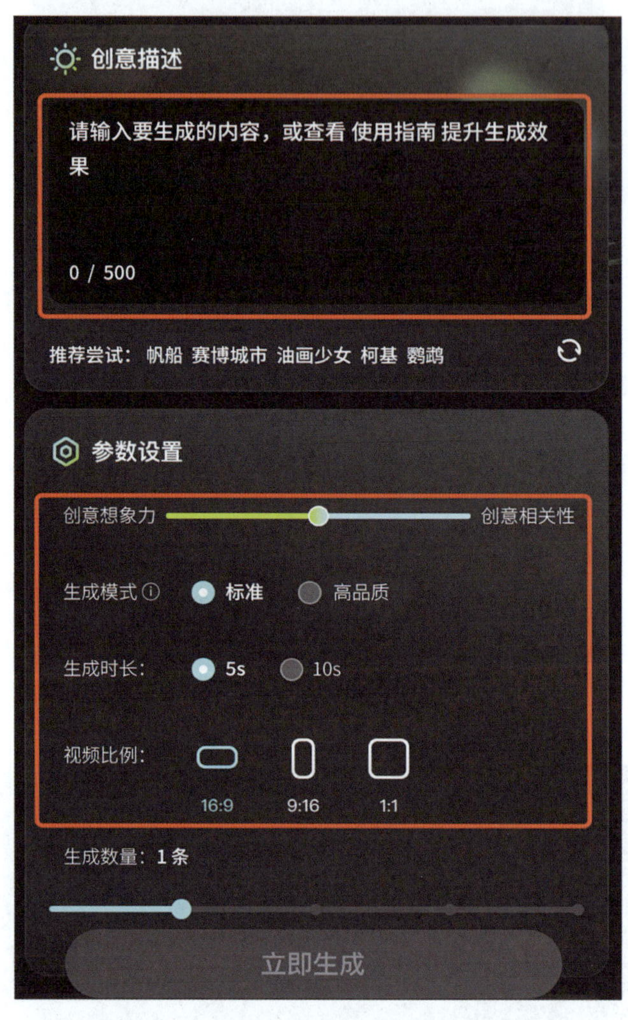

图4-5　文生视频中的创意描述与参数设置

在参数区下方，可以选择不同的运镜方式来提升镜头感。同时还可以输入反向提示词（不希望呈现的内容）来规避生成影响画面质感的内容，如图 4-6 所示。

图生视频的功能分区与文生视频大体一致，但其新增了一个上传图片的区域。

在上传图片区域有一个增加尾帧功能，选择后上传图片，视频结束时的画面就会固定为你上传的图片，如图 4-7 所示。

图生视频的功能区还增加了一个运动笔刷区，可控制画面中指定主体的运动轨迹。

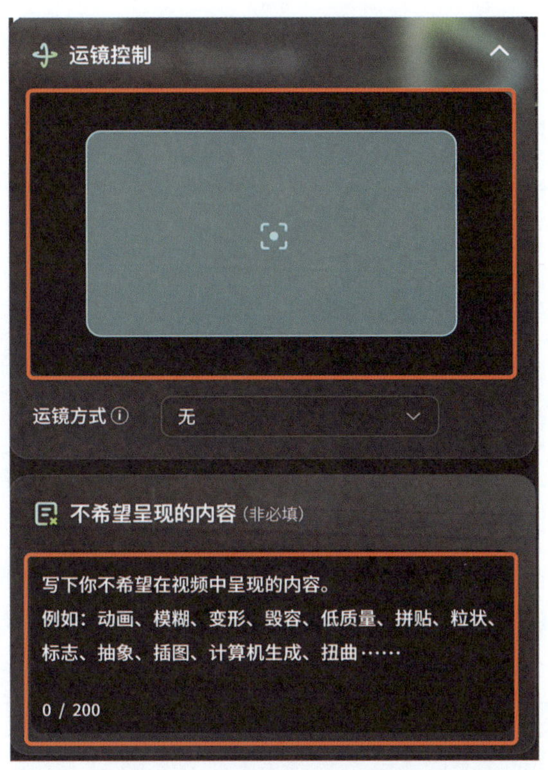

图4-6 文生视频中的运镜控制和不希望呈现的内容

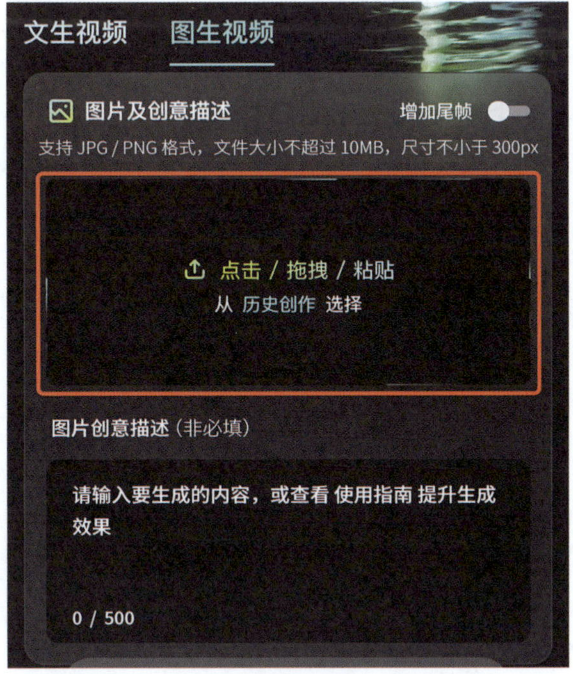

图4-7 图生视频中的图片及创意描述

4.2.2 可灵 AI 生成视频

(1) 文生视频

了解了可灵 AI 的页面和功能之后，下面就进入创作视频的环节了。第一种方式是文生视频，就是通过提示词来生成视频内容。

首先，我们需要了解可灵 AI 提示词的基本结构：

> 提示词 = 主体（主体描述）+ 运动 + 场景（场景描述）+（镜头语言 + 光影 + 氛围）
>
> 备注：括号里的内容可选填。

①主体：主体是视频中的主要表现对象，是画面主题的重要体现者，如人、动物、植物，以及物体等。主体描述是指对主体外貌细节和肢体姿态等的描述，可通过多个短句进行列举。如运动表现、发型发色、服饰穿搭、五官形态、肢体姿态等。

②运动：对主体运动状态的描述，包括静止和运动，运动状态不宜过于复杂，在 5s 视频内可以展现即可。

③场景：场景是主体所处的环境，包括前景、背景等。场景描述是对主体所处环境的细节描述，可通过多个短句进行列举，但不宜过多，在 5s 视频内可以展现即可，如室内场景、室外场景、自然场景等。

④镜头语言：指通过镜头的各种应用以及镜头之间的衔接和切换来传达故事或信息，并创造出特定的视觉效果和情感氛围，如超大远景拍摄、背景虚化、特写、长焦镜头拍摄、地面拍摄、顶部拍摄、航拍、景深等（注意：这里与运镜控制作区分）。

⑤光影：光影是赋予摄影作品灵魂的关键元素，光影的运用可以使照片更具深度、更具情感，我们可以通过光影创造出富有层次感和情感表达力的作品，如氛围光照、晨光、夕阳、光影、丁达尔效应、灯光等。

⑥氛围：对预期视频画面的氛围描述，如热闹的场景、电影级调色、温馨美好等。

另外，添加关键词，如 8k 和 highly detailed，通常会产出质量比较好的影片。

以上公式最核心的构成是主体、运动和场景，这也是描述一个视频画面最简单、最基本的元素。当在详细地描述主体与场景时，只需要通过列举多个描述词短句，保持提示词中希望出现要素的完整性即可，可灵 AI 会根据我们的表达扩写提示词，生

成符合我们预期的视频。

确认了提示词后，我们就可以开始生成视频了。下面附上几种不同类型的例子作为参考。

例 1：风景类

创意描述：电影风格，无人机飞越苏格兰广阔的山崖海岸，海浪汹涌，呼啸而过，8k

视频比例：16 ∶ 9

生成模式：标准

生成时长：5s

生成结果如图 4-8 所示。

图4-8 生成的风景视频（示意）

例 2：人物类

创意描述：真实的摄影风格，一个穿着西装的男人，走在繁忙的街道上，高细节，8k

视频比例：16 ∶ 9

生成模式：标准

生成时长：5s

生成结果如图 4-9 所示。

图4-9　生成的人物视频（示意）

例 3：动物类

创意描述：自然记录片，松鼠在吃草莓，特写，高细节，8k
视频比例：16 ：9
生成模式：标准
生成时长：5s

生成结果如图 4-10 所示。

图4-10　生成的动物视频（示意）

例 4：动漫类

创意描述：3d 动画，动漫，兔子吃草莓，高质量，8k
视频比例：16 ： 9
生成模式：标准
生成时长：5s

生成结果如图 4-11 所示。

图4-11 生成的动漫视频（示意）

例 5：摄影类

创意描述：延时高速拍摄的花瓣张开，花瓣展开，花朵绽放
视频比例：16 ： 9
生成模式：标准
生成时长：5s

生成结果如图 4-12 所示。

为了使生成的视频更加精确，我们还可以添加运镜控制及反向提示词来丰富画面，提高视频质量。

图4-12　生成的拍摄视频（示意）

为了让我们的视频不要出现模糊不清、变形等不好的因素，这里我们一般会加上较为固定的提示词，你可以参考下面这些提示词：

变形、多个肢体、像素化、静态、雾、矢量艺术、平面、不清楚、扭曲、错误、静止、低分辨率、过度饱和、颗粒、模糊。

另外，值得注意的是，使用一些小技巧可以提高可灵 AI 生成视频的质量。

①尽量使用简单词语和句子结构，避免使用过于复杂的语言。

②画面内容尽可能简单，可以在 5 ～ 10s 内完成。

③用“东方意境、中国、亚洲”等词语更容易生成中国风的视频和中国人。

④当前视频大模型对数字还不敏感，比如“10 个小狗在海滩上”，数量很难保持一致。

⑤分屏场景，可以使用提示词“4 个机位，春夏秋冬”。

⑥现阶段较难生成复杂的物理运动，比如球类的弹跳、高空抛物等。

（2）图生视频

如果你使用文生视频生成几次还是没有收获比较满意的视频，那可以尝试另一个可以快速提高视频质量的方法，那就是图生视频。

我们可以让可灵 AI 依照我们提供的图来做视频，以更精准地生成视频。

比如我们想要让爱因斯坦跟机器人下棋，在上传图片后，补充输入相关的提示词：

爱因斯坦正在与机器人下棋，高质量，8k

可灵 AI 就会根据描述继续生成视频，结果如图 4-13 所示。

图4-13 生成的爱因斯坦与机器人下棋的视频（示意）

此外，我们还可以为视频添加特效提示词，使其更加生动和富有动感。

例如：

物理特效：

powder exploding：粉末爆炸

smoke and flame：烟雾火焰

water splashing：水花四溅

自然特效：

in the wind：随风摇曳

shooting star：极光流星

Lightning and thunder：电闪雷鸣

本小节我们了解了可灵 AI 的应用技巧，相信在未来的学习和探索中，大家将解锁更多的可能性，将创意和技术的力量发挥到极致。

4.3 AI复活老照片：让历史跃然纸上

让照片动起来这件事好像只存在于哈利·波特的奇幻世界里。但是现在通过 AI 生成视频的技术，我们也可以让黑白老照片变成彩色动态的视频，而且过程十分简单。

这项技术不仅为静态图片增添了活力，更唤起了我们对往昔时光的温馨回忆。本小节将会学习“复活”老照片的具体操作。

4.3.1 获取老照片素材

首先，我们来看看如何获取老照片素材。

如果大家手里就有老照片的话，可以用手机拍下来再导入电脑。这里推荐大家利用扫描软件，便于提高照片的质量。

如果手里没有合适的照片，我们可以去搜索引擎搜索老照片，选取一张黑白的照片作为素材即可。但是要注意，这里我们只是在练习中使用，不可以用于商业用途，避免侵权。

如果不想用现成的老照片素材，我们可以用可灵 AI 生成图片。比如我们想要一张老照片，主题是一个亚洲家庭的全家福，照片的尺寸为 4 ∶ 3。我们可以这样书写提示词：

> 一张老张片，一个亚洲家庭全家福，尺寸为 4 ∶ 3。

输入提示词后，选择生成数量为 4 张，即可得到这样一组老照片，如图 4-14 所示。我们选择其中一张作为素材即可。

图4-14 生成的老照片

4.3.2 画质修复

无论是我们自己手头的老照片还是网络上的素材，多少会存在一些模糊、破损的情况。为了生成更清晰的视频，我们需要对老照片进行画质修复。现在许多在线工具有画质修复、重新上色、划痕修复等多样化的功能，这里给大家介绍一个工具，大家自行选择即可。

魔搭社区中的“AI 老照片修复”工具有重新上色的功能，可以帮助我们把黑白照片变为彩色照片，工具界面如图 4-15 所示。

我们上传照片后，保持默认设置，点击一键修复即可，其效果如图 4-16 所示。

图片

拖放图片至此处
- 或 -
点击上传

重新上色
是 否

应用图像去噪（存在细节损失风险）
是 否

应用色彩增强（存在罕见色调风险）
是 否

一键修复

图片

图4-15　工具界面（部分）

图4-16　效果对比图

4.3.3　利用可灵 AI 生成视频

准备好了修复过的照片，就可以构思要生成什么样的视频了。在学习如何使用可灵 AI 时，我们介绍了提示词的模版：

> 主体（主体描述）+ 运动 + 场景（场景描述）+（镜头语言 + 光影 + 氛围）

我们在描述期望的动态效果时，也要遵循这个模版。

下面我们以开头用 AI 生成的全家福为例。

我们想要每个人都在微笑，伴有小幅度的动作，看着相机拍照的场景，可以这样书写提示词：

每个人都在微笑，小幅度动作，看着相机，高细节，高质量

选图生视频，上传照片，并在提示词框内输入上面的语句，我们就可以得到以下视频，如图 4-17 所示。

图4-17　生成的视频（示意）

这个视频仿佛重现了当时拍下照片的场景。让老照片“复活”是不是十分有趣呢？通过上述操作，无论是黑白的、破损的还是其他类型的照片，都可以变为动态视频。